essentials

essentials liefern aktuelles Wissen in konzentrierter Form. Die Essenz dessen, worauf es als „State-of-the-Art" in der gegenwärtigen Fachdiskussion oder in der Praxis ankommt. *essentials* informieren schnell, unkompliziert und verständlich

- als Einführung in ein aktuelles Thema aus Ihrem Fachgebiet
- als Einstieg in ein für Sie noch unbekanntes Themenfeld
- als Einblick, um zum Thema mitreden zu können

Die Bücher in elektronischer und gedruckter Form bringen das Expertenwissen von Springer-Fachautoren kompakt zur Darstellung. Sie sind besonders für die Nutzung als eBook auf Tablet-PCs, eBook-Readern und Smartphones geeignet. *essentials:* Wissensbausteine aus den Wirtschafts-, Sozial- und Geisteswissenschaften, aus Technik und Naturwissenschaften sowie aus Medizin, Psychologie und Gesundheitsberufen. Von renommierten Autoren aller Springer-Verlagsmarken.

Weitere Bände in dieser Reihe http://www.springer.com/series/13088

Bernd Herrmann · Jörn Sieglerschmidt

Umweltgeschichte in Beispielen

Springer Spektrum

Prof. Dr. Bernd Herrmann
Georg-August-Universität Göttingen
Göttingen, Deutschland

PD Dr. Jörn Sieglerschmidt
Asendorf, Deutschland

ISSN 2197-6708   ISSN 2197-6716   (electronic)
essentials
ISBN 978-3-658-15432-5   ISBN 978-3-658-15433-2   (eBook)
DOI 10.1007/978-3-658-15433-2

Die Deutsche Nationalbibliothek verzeichnet diese Publikation in der Deutschen National-
bibliografie; detaillierte bibliografische Daten sind im Internet über http://dnb.d-nb.de abrufbar.

Springer Spektrum
© Springer Fachmedien Wiesbaden 2017

Gedruckt auf säurefreiem und chlorfrei gebleichtem Papier

Springer Spektrum ist Teil von Springer Nature
Die eingetragene Gesellschaft ist Springer Fachmedien Wiesbaden GmbH
Die Anschrift der Gesellschaft ist: Abraham-Lincoln-Str. 46, 65189 Wiesbaden, Germany

Vorwort

Umweltgeschichte in Beispielen ist als Fortsetzung des Bandes *Umweltgeschichte im Überblick* zu verstehen, wobei die Kenntnis des *Überblicks* keine unmittelbare Voraussetzung für das Verständnis der hier zusammengestellten Abbildungen und ihrer Erläuterungen ist, aber die vorgestellte, nur begrenzt mögliche Auswahl von Beispielen in größere sachliche und theoretische Zusammenhänge stellt.

Umwelt ist – nach ihrer Entstehungsgeschichte als wissenschaftliches Konzept – keine bloße Vokabel, mit der umgangssprachlich und vorwissenschaftlich dasjenige bezeichnet wird, was uns als selbstverständliche Lebensumgebung erscheint. Bei der heute so populären Umwelt handelt es sich *ursprünglich* um einen Begriff, der in der Biologie zu Beginn des 20. Jh. mit einer bestimmten Bedeutung versehen wurde. Jakob von Uexküll (1864–1944) verwendete ihn ab 1909, um mit seiner Hilfe auszudrücken, dass für jedes Tier nur ein Ausschnitt aus dem Gesamt aller Gegenstände und Faktoren der Natur von Bedeutung wäre (Mildenberger und Herrmann 2014). Nur diese umgäben jedes Tier und nur mit diesen interagiere es, während alle anderen Gegenstände für es bedeutungslos wären. Das Leben eines jeden Individuums vollziehe sich gleichsam wie unter einer Glocke, und einem Tier wären keine Sinne und Werkzeuge gegeben, um aus dieser ihm allein zugewiesenen Glocke zu entkommen. Deshalb sprach Uexküll von U m w e l t e n der Tiere und Menschen, n i c h t aber von d e r Umwelt. Seine Auffassung ergänzte er nach Erscheinen des Werkes zunehmend mit Beispielen aus den Umgebungen der Menschen.

Es handelt sich dabei um ein Raumkonzept, das schon vom Biologen und Geografen Friedrich Ratzel (1844–1904) vorgedacht war. Uexküll stellte ausdrücklich auf die physiologischen Leistungen eines Tieres – wie auch auf deren Begrenzungen – ab. Nach seiner Vorstellung würden R a u m und Z e i t nur durch den belebten Organismus selbst geschaffen. Alles Leben vollziehe sich in einem harmonischen Gesamtgefüge, in das die Lebewesen durch einen übergeordneten

Plan der Natur zusammenwirkten. Diese g e p l a n t e Natur hatte bei ihm letztlich die Qualität der Eigenschaft eines Weltenschöpfers – ohne dass er sich direkt
auf ihn berief. Die Natur war nicht einfach jene bloße, sich selbst organisierende
Gesamtheit alles Existierenden, als die wir sie heute begreifen.

Uexküll trennte die *subjektive Umwelt* von einer allgemeinen *Umgebung*. Den
zeitgenössischen Biologen erschien Uexkülls Konzept letztlich als Plädoyer für
eine *subjektive, auf den Einzelorganismus zielende,* Biologie, die sie als unbrauch-
bares Konzept ablehnten. Sie erkannten allerdings die grundsätzliche Nützlich-
keit einer Umweltbetrachtung, als konkreten Bezug auf *„dasjenige außerhalb des
Subjekts, was dieses irgendwie angeht".* Sie wollten aber mit Umwelt vielmehr
auf Existenzbedingungen einer *gesamten Art* abheben (Friederichs 1950, S. 70).
Bereits vorher hatte Friederichs eine ausführliche Begriffsklärung vorgelegt, die
ihren Ausgang von einer eher philosophischen Formulierung nahm: Umwelt war
für ihn *der Weltzusammenhang in Bezug auf ein Lebewesen* (1943, S. 156) damit
den ihm wohl nicht bekannten Umweltbegriff bei Edmund Husserl aufnehmend
(Welter 1986, S. 79 f.). Den praktischen Bedürfnissen der Biologie trug seine
Definition Rechnung: *Die (…) Umwelt ist der (…) Komplex derjenigen Außen-
faktoren, mit denen das Lebewesen in direkter oder konkret greifbarer indirekter
Beziehung, großenteils in Wechselwirkung, steht und die zum Teil dessen Leben
bedingen* (1943, S. 156). Der problematische Begriff der Wechselwirkung (Schopenhauer 1982, S. 617 f.) ist ein Vorgriff auf die späterhin übliche systemische
Betrachtungsweise, die nicht von den Leistungen der Individuen ausgeht, sondern von aggregierten Gesamtleistungen vieler Individuen, die nicht mehr einzeln
zurechenbar sind. Damit konnte Umwelt als Konzept auch für Pflanzen gewonnen
werden. Unter diesem *alle* Lebewesen umfassenden Verständnis kam der Begriff
in den vierziger Jahren des letzten Jahrhunderts in die Ökologie, und von dort fand
er seinen Weg über die zunehmende Umweltsensibilität der sechziger und siebziger Jahre in den allgemeinen Sprachgebrauch. Dort wird er heute meist so verwen-
det, wie er bei seiner Wortfindung um 1800 gemeint war, als die den Menschen
umgebende Welt einschließlich seines sozialen Milieus. Allerdings – entsprechend
seinem inhaltlichen Umweg durch die Biologie – in der Gegenwart überwiegend
im Zusammenhang mit den *natürlichen* Lebensgrundlagen.

Aus der Umweltsensibilität der siebziger und achtziger Jahre des letzten Jahrhunderts ergab sich schließlich ein Interesse am historischen Zugang zu Umweltfragen. Was zunächst mit dem Fokus auf den historischen Voraussetzungen für
die Verschmutzungsgeschichte der Umwelt begann, entwickelte sich allmählich

zur heutigen Umweltgeschichte (z. B. Herrmann 2016; Winiwarter und Knoll 2007). Diese analysiert fächerübergreifend das Feld der Mensch-Natur-Beziehungen im historischen Wandel und damit zentral dasjenige, was Friederichs in der o.g. Umweltdefinition als *Wechselwirkung* bezeichnete (Winiwarter und Knoll 2007, S. 14 f., S. 23–27). In biologischer wie gesellschaftlicher Hinsicht berührt das nicht nur passive Einwirkungen einer Umgebung auf ein Individuum, sondern auch dessen aktiven Anteil an der Gestaltung der Umgebung. Hierfür hat die Biologietheorie den Ausdruck Nischenkonstruktion gefunden (Kendal et al. 2011). Es ist offensichtlich, dass in diesem Sinne insbesondere Menschen ihre Umgebung als gestaltungsfähige Umwelt erfahren.

Längst ist akzeptiert, dass die Geschichtsbetrachtung nicht nur Bereiche wie Herrschaft, Wirtschaft oder Kultur behandelt, sondern auch die Umwelt als materielle Voraussetzung und Bedingung von Geschichte einbezieht. Die menschliche Geschichte beruht auf der Nutzung ökosystemarer Dienstleistungen (Nahrung, Ressourcen) und dem Erdulden naturaler Risiken (Krankheiten, Seuchenzüge, extreme Wetterereignisse), erschöpft sich darin freilich nicht. Sie ist abhängig von der Biodiversitätslenkung und Biodiversitätsverdrängung und dem erfolgreichen Management anthropogener Ökosysteme. Die Erklärungen, die die Umweltgeschichtsforschung aus der Analyse historischer Umweltsituationen und Umweltprobleme bereitstellt, helfen, die strukturellen Voraussetzungen heutiger Umweltsituationen zu erkennen und nachteilige zu vermeiden. Nur wer die Geschichte nicht kennt, ist dazu verdammt, sie zu wiederholen. In diesem Sinne ist Umweltgeschichte ein unverzichtbarer Bestandteil der ökologischen Orientierung und Grundbildung und das Fundament jeder Kulturgeschichte.

Die hier zusammengestellten Abbildungen und ihre Erläuterungen skizzieren Grundfragen der Umweltgeschichte, sie reichen vom wissenschaftshistorischen über den wissenschaftssystematischen Kommentar bis zu Anmerkungen einzelner historischer Umweltszenarien mit exemplarischem Charakter. Selbstverständlich können die vorgestellten Themen im Rahmen des Formates nur kursorische Einblicke gewähren. Sie haben keine Stellvertreterfunktion für ein systematisches Lehrbuch oder eine systematische Abhandlung eines Wissensgebietes an einem didaktischen Beispiel. Die Bildfolge stellt zudem eine Auswahl dar. Sie verfolgt weder thematische Vollständigkeit noch kommt ihrer Reihenfolge eine besondere Bedeutung zu. Wir stellen uns vielmehr vor, dass sie den Leser anregen, sich vertiefend mit der Gesamtthematik zu befassen. Hierzu dienen auch die weiterführenden Literaturangaben.

Wir bedanken uns bei unseren Lektorinnen Stefanie Wolf (Heidelberg) und Katharina Harsdorf (Wiesbaden) und der Herstellerin Riddhi Telang (Pune, Indien). Wie immer und selbstverständlich ein großer Dank an Susanne und Bärbel.

Göttingen, Deutschland   Bernd Herrmann
Asendorf, Deutschland   Jörn Sieglerschmidt
im Juli 2016

Inhaltsverzeichnis

Prolog

1

*Die Philosophen haben die Welt nur verschieden interpretiert, es
kömmt drauf an, sie zu verändern.*

Karl Marx, 11. Feuerbachthese,1845 (Marx 1971, 4)

*Menschen haben die Welt auf verschiedene Weise verändert, es kommt
darauf an, diese Veränderungen zu interpretieren.*

Das Erkenntnisinteresse der Umweltgeschichte

Abb. 1.1 Terrassen im Nassfeldreisbau in Yüan, China, als idealtypisches Beispiel einer Kolonisierungslandschaft, die aus einer ursprünglichen Naturlandschaft bzw. naturnahen Landschaft durch generationenübergreifende, vielhundertjährige Gemeinschaftsleistungen hervorgebracht und damit in ein anthropogenes Ökosystem transformiert wird. Der Begriff Kolonisierung bezieht sich dabei zunächst auf die Landwirtschaft, da der Bearbeiter des Bodens im Lateinischen *colonus* genannt wird. Zugleich wird damit eine auf ihn zentrierte Nutzenbeziehung des Menschen in Hinsicht auf die natürlichen Ressourcen bezeichnet. Je nach Zustand im Bepflanzungszyklus zeigt das Wasser eine unterschiedliche Färbung. Außerdem spiegeln sich die Farben des Himmels und der umgebenden Landschaft. Foto/Copyright: Jialiang Gao (2003), http://www.peace-on-earth.org/, GFDL/CC-by-sa-2.5. (Fischer-Kowalski et al. 1997, S. 10–12)

© Springer Fachmedien Wiesbaden 2017
B. Herrmann und J. Sieglerschmidt, *Umweltgeschichte in Beispielen,*
essentials, DOI 10.1007/978-3-658-15433-2_1

Jakob Johann von Uexküll und der Umweltbegriff 2

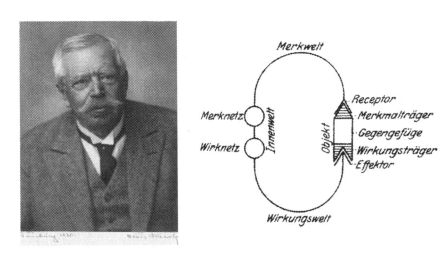

Abb. 2.1 Jakob von Uexküll, Hamburg 1930. © Jakob von Uexküll Zentrum, Universität Tartu, Institut für Philosophie und Semiotik

Abb. 2.2 Schema des Funktionskreises aus „Umwelt und Innenwelt der Tiere" von 1921. (Mildenberger und Herrmann 2014, S. 63), eine der ersten Darstellungen eines kybernetischen Regelkreises

Uexküll wurde am 8. September 1864 in Keblaste (Mihkli), Estland, geboren. Er starb am 25. Juli 1944 auf Capri.

Uexküll stammte aus baltendeutschem Adel. Er studierte von 1884–1889 Zoologie an der Universität Dorpat (Tartu). Anschließend arbeitete er am Physiologischen Institut der Universität Heidelberg unter der Leitung von Wilhelm Kühne,

© Springer Fachmedien Wiesbaden 2017
B. Herrmann und J. Sieglerschmidt, *Umweltgeschichte in Beispielen,*
essentials, DOI 10.1007/978-3-658-15433-2_2

später an der Zoologischen Station in Neapel. 1907 verlieh die Universität Heidelberg Uexküll die Ehrendoktorwürde für seine Arbeiten zur Physiologie der
Muskeln. 1909 veröffentlichte er das Buch „Umwelt und Innenwelt der Tiere",
das den Umweltbegriff für die Biologie verfügbar machte (zweite, verbindliche
Auflage 1921). Während der Unruhen am Ende des Ersten Weltkriegs verlor er
das Familiengut in Estland. Die wirtschaftlich schwierigen Folgejahre überstand
er mithilfe des Vermögens der Familie seiner Frau, Gudrun von Schwerin, die
auch das Ferienhaus in Capri mit in die Ehe einbrachte. Uexküll leitete, unter
unglücklichen persönlichen Beschäftigungsverhältnissen, ab 1925 bis 1940 das
Hamburger Aquarium, zunächst eine euphemistische Bezeichnung für einen Was-
serbehälter in einem Schuppen. Es gelang ihm, daraus ein Institut für Umweltfor-
schung zu machen, aus dem er sich 76 jährig zurückzog. (Eine Art Autobiografie
mit aufschlussreichen Hinweisen: v Uexküll 1949) (Abb. 2.1).

Uexküll gab der entstehenden Ethologie wichtige Impulse, hat aber besondere
Bedeutung für die Formierung der naturwissenschaftlichen Ökologie. Er geht von
einer Spiegelung der Umweltreize im Nervensystem der von ihm untersuchten
Tiere aus, einer anatomisch-physiologischen Gesamtleistung, die er Gegenwelt
nennt (Mildenberger und Herrmann 2014, S. 183–200). Hinsichtlich der Umwelt
differenziert er zwischen Reizen aus der Umgebung und Wirkungen, die diese
Reize im Tier mittels sog. Effektoren auslösen. Die Innenwelt der Tiere stellt
sich Uexküll als Merknetz und Wirkungsnetz dar, die vom Objekt ausgehenden
Reize als Bestandteil der Merk- und Wirkungswelt (Abb. 2.2). Das Objekt selbst
ist Merkmals- wie Wirkungsträger, hat aber auch ein eigenes Gefüge, das Uexküll Gegengefüge nennt. Die Kommunikation zwischen Innenwelt und Objekt
wird als Rückkopplungsprozess verstanden. Heute würden wir von einem System
sprechen. Das Tier ist für Uexküll in dieser Hinsicht einer Maschine vergleichbar
(„lauter selbständige kleine Maschinen"), das unterschiedliche Funktionskreise
hat: z. B. Jagd oder Sexualität. Umwelten können sich für ein Tier verändern,
wenn Teile von ihr nicht mehr zur Merkwelt gehören, wenn z. B. nach der Stil-
lung des Hungers jagdbare Objekte unbeachtet bleiben (Mildenberger und Herrmann 2014, S. 62–67). Umwelten sind für Uexküll daher nicht nur auf die Art
eines Tieres bezogen, sondern auch situationsabhängig und insofern individuell
spezifisch für einen bestimmten Raum und eine bestimmte Zeit.

Es ist erstaunlich, dass Uexküll nirgendwo Bezug nimmt auf die Arbeiten des
zwanzig Jahre älteren Friedrich Ratzel, der im ersten, theoretisch orientierten
Band seiner Anthropogeografie ein ebenso raumbezogenes Umweltmodell entwickelt wie Uexküll (Ratzel 1899, S. 25–65). Friedrich Ratzel gilt als ein Begründer der Biogeografie, die sich der Umwelten von Pflanzen und Tieren annimmt.
Beide wiederum haben den Umweltbegriff ihres Zeitgenossen Edmund Husserl

nicht wahrgenommen, der sich mit der Konstitution der Welt im menschlichen Bewusstsein befasste (Welter 1986, S. 13–22). Während Ratzel Verbreitungsgebiete und -formen sowie Biozönosen, d. h. Lebensgemeinschaften von Lebewesen, beschreibt, kann Plessner (1975) mit seiner philosophischen Anthropologie als Erbe der uexküllschen und husserlschen Überlegungen gelten, wenn er dem Menschen seiner natürlichen und kulturellen Entwicklung nach eine außergewöhnliche Position, eine exzentrische Positionalität unter den Lebewesen einräumt, womit er freilich das Ergebnis der *scala naturae* mit dem Menschen an der Spitze der natürlichen Entwicklung wiederholt. Dabei vermeidet der auch in den Lebenswissenschaften ausgebildete Plessner aber die Teleologie früherer Philosophen.

350.

Würme die in Eychäpffeln gefunden werden / bedeuten ein unfruchtbar Jahr / und theure Zeit: Fliegen die
in denselben Aepffeln gefunden werden/anzeigen Krieg.
Aber werden auf dieser Städte Spinneweben gefunden / so schleust man / daß die Lufft von Pestilentz und
Gifft befränckt ist.

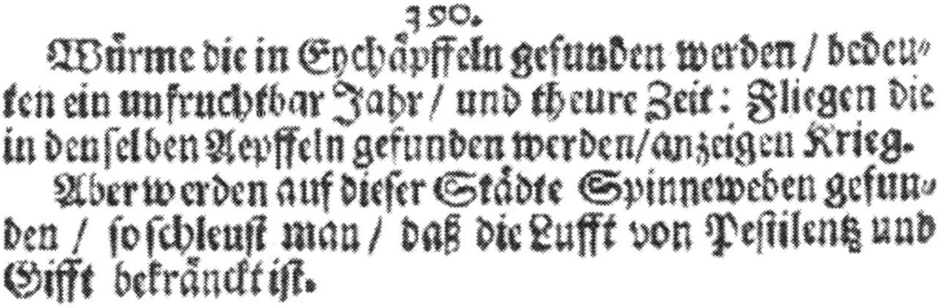

Abb. 3.1 Faksimile des Phänologischen Zeichens Nr. 390 aus dem Kapitel „Astrologie" in Coler (1680). Das Buch erschien seit Ende des 16. Jahrhunderts in zahlreichen Auflagen und an wechselnden Verlagsorten

Unser Blick auf Natur ist zeit- und kulturabhängig. Die Erde stand lange im Mittelpunkt der Welt – zuweilen als flache Scheibe vorgestellt –, ehe ihr ein neuer Platz als um die Sonne kreisender Planet zugewiesen wurde. Diese uns heute selbstverständliche Einsicht wurde erst im 18. Jahrhundert zu einer von niemand Vernünftigem bezweifelten Auffassung.

Als sich die experimentierende und quantifizierende Naturwissenschaft durchzusetzen begann, wurde allmählich, verstärkt im 19. Jahrhundert, das magische und mythische Denken aus dem wissenschaftlichen Diskurs verdrängt. Zugleich beeinflusst es – und tut das bis heute – die alltägliche Wahrnehmung der Welt. Das heute in der Mehrheit der menschlichen Gesellschaften dominante naturwissenschaftliche Denken könnte als eine Geschichte des Verlustes gesehen werden, so wie das Alexander von Humboldt, der beide Welten noch gut kannte, 1845 beschrieb: *„Einseithige Behandlung der physikalischen Wissenschaften, endloses*

© Springer Fachmedien Wiesbaden 2017
B. Herrmann und J. Sieglerschmidt, *Umweltgeschichte in Beispielen,*
essentials, DOI 10.1007/978-3-658-15433-2_3

Anhäufen roher Materialien konnten freilich zu dem, nun fast verjährten Vorur-theile beitragen, als müßte nothwendig wissenschaftliche Erkenntniß das Gefühl erkälten, die schaffende Bildkraft der Phantasie ertödten und so den Naturge-nuß stören."(Humboldt 2004, S. 18). Nach Humboldt haben noch viele wie Max Weber, Keith Thomas, Arno Borst oder Wolf Lepenies diesen Prozess als einen des Verlustes beschrieben. Wobei sie verkennen, dass beide Sichtweisen heute nebeneinander bestehen und, soweit fundamentalontologische Radikalismen das nicht verhindern, das auch in gegenseitigem Respekt tun, zumal klar ist, dass gesellschaftliche Aushandlungsprozesse z. B. über Umweltprobleme und deren Lösung nicht mit Mitteln der naturwissenschaftlichen Methode bewältigt werden können.

Es ist kaum vorstellbar, dass ein heutiger Mitteleuropäer glauben würde, dass Würmer in Eicheln Vorboten von Missernte und Teuerung (Nahrungsengpässen) sein könnten (Abb. 3.1); dass Fliegen in den Eicheln einen bevorstehenden Krieg ankündigten, oder Gespinste in Eicheln die Verbreitung von Krankheitserregern und giftigen Stoffen (Miasmen) durch die Luft erwarten lassen. Möglich, dass heute die damalige Vorstellung belächelt wird, so, wie das seit dem 19. Jahrhun-dert vielfach mit Wissensbeständen geschah, die nicht mehr verstanden wurden und um deren Verständnis sich folglich auch keiner mehr bemühte. Die Hausvä-terliteratur – so genannt, weil sie sich vornehmlich an den Hausvater, d. h. den Vorstand eines adligen Haushaltes wandte und damit jene Literaturgattung, zu der Coler beigetragen hat – stellte das Erfahrungswissen der damaligen Zeit mit Blick auf sämtliche Bereiche eines solchen Haushaltes dar: u. a. Landwirtschaft einschließlich Forstwirtschaft, Wein- und Gemüsebau, Bau von Haus und Stallun-gen, landwirtschaftliche Nebengewerbe wie Brauerei oder Brennerei, Verhältnis von Mann und Frau sowie von Herrschaft und Gesinde, Erziehung der Kinder. Dieses Erfahrungswissen, soweit es um naturwissenschaftliche Zusammenhänge geht, erreicht selbstverständlich nicht die experimentell erwiesene Exaktheit heutiger Einsichten, aber doch ein zuweilen erstaunliches Maß an Zuverlässig-keit, die sich aus jahrhundertelanger Erfahrung im Umgang damit ergab. Diesem Wissen fehlte bis zu seiner Verbreitung in geschriebener oder gedruckter Form die Systematisierung – die auch eine Dogmatisierung sein konnte –, die erst die Kumulation von Wissen, aber auch die genaue Kritik vorheriger Einsichten ermöglichte.

Wir glauben nicht mehr an metaphorische Zusammenhänge zwischen Ereig-nissen in der Natur und unserem individuellen Leben. Dennoch werten einige Menschen die Laufrichtung der sprichwörtlichen schwarzen Katze noch heute als Omen und richten ihre Handlungen wenigstens ein bisschen nach diesen und

Abb. 3.2 Hase-Ente-Kippfigur, in anonymen Darstellungen verbreitet, soll auf eine Vorlage Ludwig Wittgensteins zurückgehen

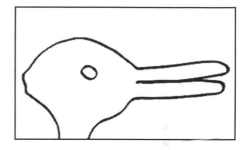

ähnlich gelagerten Zeichen aus, obwohl sie um die Zwecklosigkeit derartiger Strategien wissen, die in der Allgemeinheit als Aberglaube gilt.

Ein Zusammenhang, wie er in dem oben stehenden Lehrsatz behauptet wird, war aber für Menschen der Welt des Mittelalters und der Neuzeit selbstverständlich. Dabei war es unerheblich, ob diese Welt tatsächlich die beste aller möglichen war. Sie hatte eine Ursache, die auch die Dinge der sichtbaren Welt in einen inneren Zusammenhang stellte. Den Zusammenhang zu denken ist mit der „Entzauberung der Welt" (Max Weber) verloren gegangen.

Jedenfalls war eine frühere Sicht auf Natur eine andere als die heutige (siehe Kap. 4). Auch wir Heutigen sehen die Dinge nicht alle gleich, wie uns der Blick auf das didaktische *Kippbild* lehrt (Abb. 3.2): Selbst wenn wir alle Dasselbe sehen, sehen wir nicht das Gleiche: Ist „Hase?" oder „Ente?", wie in diesem Falle, etwa eine Frage der Vernunft?

Nicht, dass wir uns um die Wiederbelebung früherer bzw. obsoleter Erklärungsansätze bemühen sollten. Aber wir sollten beginnen, für möglich zu halten, dass unser persönliches Tun Bedeutung für die allgemeine Zukunft der Natur auf unserem Planeten hat, so, wie diese auf uns und unsere Nachkommen wirken wird.

Omnia in omnibus oder der Zusammenhang aller Dinge 4

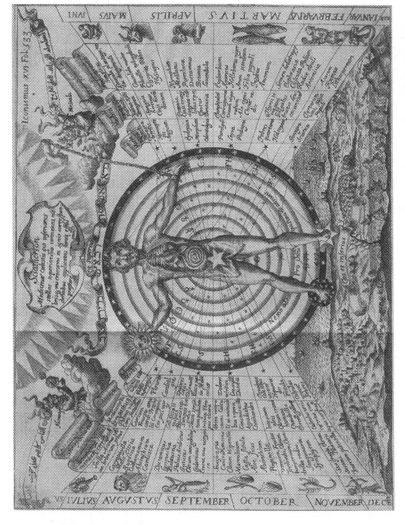

Abb. 4.1 Petrus Miotte, Sonnenuhr der himmlischen Medizin. (Kupferstich aus Kircher 1627, S. 532–533)

© Springer Fachmedien Wiesbaden 2017
B. Herrmann und J. Sieglerschmidt, *Umweltgeschichte in Beispielen*,
essentials, DOI 10.1007/978-3-658-15433-2_4

Das Umweltverständnis der Antike und der auf ihrem Wissen aufbauenden folgenden Zeiten war bis in das 19. Jahrhundert hinein sehr viel umfassender als das heutige, das sich als szientistisches Weltbild auf naturwissenschaftliche Erkenntnisse beruft. Nur noch geistige Strömungen mit ganzheitlichen Vorstellungen wie z. B. esoterische, anthroposophische oder homöopathische Lehren knüpfen an jene Überlieferungen unmittelbar an. Heutige Systemtheorien stehen zumindest mittelbar in der Tradition dieser Idee.

In der göttlichen, der himmlischen und der menschlichen Welt hängt alles mit dem anderen zeichenhaft zusammen. Individuelle Lebewesen und Dinge haben eine Signatur, die sich durch ihre mikrokosmischen Verbindungen zum Makrokosmos ergibt. Im Mikrokosmos spiegeln sich die Wirkungen des Makrokosmos. Πάντα ἐν πᾶσιν, omnia in omnibus (Alles ist in allem enthalten), *discors concordia* (die Einheit im Widerspruch) und *tota in toto et tota in qualibet parte* (das Ganze in allem und in jedem Teil) sind Denkfiguren, die von der Spätantike über den Neuplatonismus der Renaissance in der Neuzeit vielfach übernommen wurden. Athanasius Kircher hat im 17. Jahrhundert vermutlich in Aufnahme von 1. Kor. 15, 28 die Vorstellung von der Verbundenheit aller Dinge dieser und der überirdischen Welt zu einem Kernpunkt seiner philosophischen Lehre gemacht (Leinkauf 2009, S. 23, 83 f. u. ö.). Die von ihm gewählte Veranschaulichung dieses Grundsatzes am Beispiel der Medizin (Abb. 4.1) zeigt schon mit dem auffällig platzierten Satz *Ut superius ita et inferius* (Wie das Obere so auch das Untere) die enge Verbundenheit mit der Idee einer Entsprechung von Mikrokosmos und Makrokosmos bzw. umgekehrt. Der menschliche Astralleib ist eingebunden in die Sternzeichen bzw. in die diesen zugeordneten Monate. Damit knüpft Kircher an Paracelsus, an Theosophie, Alchemie und Astrologie an (Szulakowska 2000, S. 6 f. u. ö.). Die Astrologie war in der Neuzeit nicht wie heute eine als abergläubisch und unwissenschaftlich geltende Denkrichtung, sondern auch unter Naturwissenschaftlern wie Johannes Kepler, der selbst Horoskope erstellte, oder Isaac Newton eine ernst zu nehmende Wissenschaft, selbst wenn es seit der Antike Gegenstimmen gab. Insbesondere die astrologisch ausgerichtete Medizin wurde als empirisch abgesichert betrachtet.

Der Titel oberhalb des Kopfes lautet: *Sciathericon medicinæ cœlestis quo inferiores stellas superioribus connexas, membrisque microcosmi in signis correspondentibus applicatas miros effectus praestare ostendit* (Sonnenuhr der himmlischen Medizin, in welcher sie zeigt, dass die unteren mit den oberen Sternen und mit den Gliedern des Mikrokosmos sowie deren korrespondierenden Zeichen verbunden wunderbare Wirkungen erzeugen). Links oben neben den Bändern mit arabischen Schriftzeichen – Verweis auf die arabische Überlieferung griechischer

(Natur)Philosophie in den lateinischen Westen – ist der arabische Astrologe
Abenragel (Albohazen, 11. Jh.) zu erkennen, dessen Hauptwerk im 13. Jh. als
De iudiciis astrorum (Über die Urteile der Sterne) ins Lateinische übersetzt
wurde, rechts oben der persische Astronom und Astrologe Messala (Messahaltah;
Mäshä'alläh ibn Athari; um 8oo CE). Über dem Fixsternhimmel findet sich ein
Band mit hebräischen Schriftzeichen – ein Hinweis auf die Verbindung zur jüdi-
schen Mystik und Kabbala –, an den beiden Rändern außen die lat. Monatsnamen
mit den dazugehörigen Tierkreiszeichen (zum Mai etwa die Zwillinge, zum September die Jungfrau,). Gleich daneben sieht man die Aufzählung der einfachen
Medikamente in ihren Korrespondenzen zu diesen und – über die gestrichelten
Linien – zu den Gliedern des Körpers (so vom Widder die Verbindung zum Kopf,
vom Schützen zur Mitte des Körpers und zum Knie [r. S.]), in der zweiten Spalte
die sympathetischen Medikamente. In der dritten Spalte erscheinen die den Tierkreiszeichen zugerechneten Krankheiten (z. B. zum Löwen Pleuritis/Brustfellent-
zündung und Kardialgie/Brustschmerz); auf der rechten Seite entsprechend von
außen nach innen: die einfachen, danach die sympathetischen Medikamente und
die jeweils zugeordneten Beschwerden (etwa zum Stier Blutauswurf und Kehl-
sucht, d. h. starke Halsschmerzen durch Zusammenziehen des Halses).

Der Körper des Mannes (mit Öffnung des Leibes und Blick auf Lunge, Herz,
Leber und Gedärm, eine seit dem Hochmittelalter topische Darstellung in medizinischen Texten) steht auf Planeten und Sternen. In der rechten Hand hält er die
Sonne, an der linken findet sich die Verbindung zum Himmel. Unterhalb seiner
Arme sind die Planetenzeichen abgebildet, die den um den Körper laufenden
Sphären zuzuordnen sind und die Erde als Mittelpunkt haben; danach die Sphären des Mondes, des Merkur, der Venus, der Sonne, des Mars, des Jupiter und
des Saturn. Zwischen sechster und siebter Sphäre finden sich die Abkürzungen
der Qualitäten *Calor, Frigor, Humiditas und Siccitas* (Wärme, Kälte, Feuchtig-
keit und Trockenheit) in den jeweiligen Kombinationen HF, CS, FS, CH, eine
Einbettung des astromedizinischen Bildes in die seit Hippokrates und Aristote-
les übliche Vierelementenlehre samt ihrer medizinischen Erweiterung durch
die Viersäftelehre (sanguinisch, cholerisch, melancholisch, phlegmatisch)
(Meetz 2003, S. 251; Horstmanshoff et al 2002, S. 65–77); außen der Fixsternhimmel (Sieglerschmidt 2012, S. 541 f.). Kircher selbst gibt nur allgemeine
Erläuterungen und verweist auf seine *Ars magnesia* von 1631, die sich mit den
wundersamen Wirkungen von Magneten empirisch beschäftigt, wie im Titel ver-
sprochen wird (Kircher 1646, S. 532–534). Der neuzeitliche Bezug zu Hippokrates ist nicht nur in der Vierelementenlehre erkennbar, sondern auch in dem Bezug
zu dem viel gelesenen und zitierten Werk über das Verhältnis von Orten zu Luft
und Wasser, das Hippokrates um 400 BCE verfasste. Er entwickelt darin eine

ortsgebundene Umweltlehre, der es vor allem um die Gesundheit des Menschen geht (Glacken 1996, S. 80–115), Ideen, die in der Renaissance von namhaften Architekten und Stadtplanern, etwa Leon Battista Alberti, wieder aufgenommen werden.

Bildinhalte und Bildrhetorik lassen deutlich die Bezüge zu den Abbildungen im ersten Band der *Utriusque cosmi maioris scilicet et minoris metaphysica, physica atque technica historia* (Metaphysische, physische und technische Historie beider, des Makro- wie auch des Mikrokosmos) des Robert Fludd von 1617 erkennen. Beide Abbildungen offenbaren noch stärker die Einbindung in die damals üblichen tetradischen, d. h. viergliedrigen Schemata von Elementen, Jahres- und Tageszeiten, Wind(richtung)en, Kontinenten, Temperamenten, Sinnen, Lebensaltern und Tierkreiszeichen. Zusammen mit den Polaritäten von Mond und Sonne, Frau und Mann, Feuer und Wasser, Vernunft und Gefühl – um nur einige gängige zu nennen – bilden sie eine zusammenhängende kosmische und semiotische Struktur. Die Alchemie, die neben ihrer Begründung einer quantifizierenden und experimentellen Untersuchung natürlicher Stoffe neue Elemente (Schwefel, Salz, Quecksilber) einführte, und die Theosophie wollten auf eine Vereinigung *(unio)* dieser polaren Gegensätze hinaus, die auch als *unio mystica* mit Gott und der Natur erscheinen konnte. Der Kreis des Wissbaren, der sich in dieser pansophischen Struktur offenbart, ist als *catena aurea* (goldene Kette) Spiegel der universalen Ordnung der Dinge, die Ziel der Arbeit auch von Athanasius Kircher war (Leinkauf 2009, S. 20). Die goldene Kette, die bereits von Homer als Metapher der Weltordnung in der Ilias erwähnt wird, bildet bis in die Aufklärung die ideenmäßige Grundlage der Verbindung zwischen den Naturdingen und ihrer Hierarchisierung (Lovejoy 1993). Die heutige Welterklärung sieht mögliche Verbindungen zwischen den Dingen, den Lebewesen und den als Zeichen wahrgenommenen Konstellationen in einem naturwissenschaftlich versachlichten Sinne als kausale Beziehungen auf der Grundlage physiko-chemischer Gesetzmäßigkeiten und der Gesetze der spezifischen evolutiven Komplizierung (Nicolai Hartmann). Die Zeichenhaftigkeit der Welt ist – zumindest im naturwissenschaftlichen Denken – durch eine Welt mit Anzeichen ersetzt worden.

Die Entdeckung ökologischer Zusammenhänge

5

Abb. 5.1 v. l. Charles Darwin: Fotografie von Leonard Darwin, ca 1874, Woodall 1884, US public domain; Thomas Henry Huxley, vor 1880, Wellcome M0003305; Carl Vogt: New York Public Library Archive, Tucker Collection, US public domain, 1869?; Ernst Haeckel, Titelheliogravüre der Natürlichen Schöpfungsgeschichte, 1898

Das Denken in ökologischen Zusammenhängen ist ein zentrales Epistem der Umweltgeschichte. Vier Wissenschaftler haben, so scheint es, das heute einschlägige Denken wesentlich vorbereitet.

In seinem 1859 erschienenen Werk *„On the Origin of Species by the Means of Natural Selection"* (erste deutsche Ausgabe in der Übersetzung von Heinrich Georg Bronn 1860) gibt Charles Darwin (Abb. 5.1) u. a. Beispiele dafür, wie sich die Häufigkeiten von Tier- und Pflanzenarten wechselseitig bedingen können. Ein Beispiel spricht auch spätere Autoren in besonderer Weise an. In ihm zeigt Darwin den Zusammenhang zwischen der Fruchtbarkeit des Roten Klees und der Anzahl der Hummeln auf, die als einzige Bienenart in der Lage sind, Klee zu bestäuben. Nun hängt die Zahl der Hummeln, wie Darwin aus den Beobachtungen eines Naturliebhabers wusste, von der Zahl der Feldmäuse ab, die in den Hummelnestern die Honigtöpfe wie auch die Larven der Insekten räubern. Aufgefallen war auch, dass die Zahl der Feldmäuse um Städte und Dörfer herum

© Springer Fachmedien Wiesbaden 2017
B. Herrmann und J. Sieglerschmidt, *Umweltgeschichte in Beispielen*, essentials, DOI 10.1007/978-3-658-15433-2_5

12

geringer war als auf dem Lande, weil die Katzen, die vorzugsweise in Siedlungen gehalten würden, den Feldmäusen nachstellten. Darwins Ausführungen über Hummeln, Mäuse, Katzen und Klee wurden von dem Biologen Thomas Henry Huxley (1825–1895, Abb. 5.1) um einen neuen Aspekt erweitert. Er verlängert Darwins Feststellung in einer Vortragsreihe für Arbeiter um ein weiteres Beispiel, wahrscheinlich zur Auflockerung für seinen vorwiegend nichtakademischen Hörerkreis, dem er zunächst die Katzen als indirekte Helfer der Hummeln erklärte. Man könne, so Huxley, noch einen Schritt weitergehen, indem *„wir sagen, dass auch die alten Jungfern indirecte Freundinnen der Hummeln und indirecte Feindinnen der Feldmäuse sind, da sie die von letzteren lebenden Katzen halten"* (Huxley 1865, S. 113).

Huxleys Vorlesungen wurden später von dem politisch engagierten deutschschweizer Biologen August Christoph Carl Vogt (1817–1895, Abb. 5.1) übersetzt, der an Darwins Beispiel zuvor einen weiteren Aspekt anhängt (Vogt 1864, S. 173 f.):

> Die ungeheure Fleischproduktion Englands, [...], ist nur ermöglicht durch die rationelle Behandlung der Landwirtschaft, namentlich aber des Baus von Futterkräutern, unter welchen wieder der Klee eine wesentliche Rolle spielt. Ohne Klee keine Ochsen, ohne Ochsen kein Roastbeef, ohne Roastbeef kein England! Man sieht also, dass Alt-England um jeden Preis die freie Arbeit der Hummeln unterstützen und den Katzen freien Spielraum lassen muss.

Auch Ernst Haeckel (Abb. 5.1) wird in seinem *opus magnum,* der „Generellen Morphologie" (1866), Darwins Beispiel aufgreifen. Er kennt, wie Vogt zwei Jahre zuvor, noch nicht Huxleys Hinweis auf die Jungfern, setzt jedoch seinerseits die Erweiterung von Vogt fort. Seiner Ansicht nach ist das Rindfleisch nicht nur für die gesunde Ernährung des englischen Volkes unentbehrlich, wie von Vogt geschildert. Vielmehr sieht er einen weiteren Zusammenhang:

> Da ferner die höchst entwickelten Functionen des [englischen Volkes], die Entwickelung seiner Industrie, seiner Marine, seiner freien staatlichen Institutionen durch die starke Entwickelung des Gehirns der Engländer bedingt ist, die wiederum von der kräftigen Ernährung durch gutes Fleisch abhängig ist, so finden wir den rothen Klee von großem Einfluss auf die gesamte Culhturblüte, durch welche gegenwärtig England in vielen Beziehungen an der Spitze aller Nationen steht (Haeckel 1866, Bd. II, S. 235).

Haeckel hat im selben Band Begriff und Gegenstand der Ökologie für die Wissenschaft gefunden und in bis heute grundsätzlich gültiger Weise definiert.

Die Zusammenführung aller Aspekte (Darwin: *Hummeln, Mäuse, Klee, Katzen;* Huxley: *alte Jungfern;* Vogt: *progressive Landwirtschaft und Rinderzucht für Industrie und Marine;* Haeckel: *Volksgesundheit, Nervenstärke, Intelligenz,*

Freiheit, Kultur) nimmt Haeckel dann in seiner Vorlesungsreihe „Natürliche Schöpfungsgeschichte" ab 1868 vor. Die Formulierungen werden von Auflage zu Auflage nuancierter. In der letzten Auflage vor der Jahrhundertwende, 1898, sind sie dann ausgereift:

Darwin hat durch Versuche gezeigt, dass rother Klee, den man von dem Besuche der Hummeln absperrt, keinen einzigen Samen liefert. Die Zahl der Hummeln ist bedingt durch die Zahl ihrer Feinde, unter denen die Feldmäuse die verderblichsten sind. Je mehr die Feldmäuse überhand nehmen, desto weniger wird der Klee befruchtet. Die Zahl der Feldmäuse ist wiederum von der Zahl ihrer Feinde abhängig, zu denen namentlich die Katzen gehören. Daher gibt es in der Nähe der Dörfer und Städte, wo viele Katzen gehalten werden, besonders viel Hummeln. Eine große Zahl von Katzen ist also offenbar von großem Vorteil für die Befruchtung des Klees. Man kann nun, wie Karl Vogt gezeigt hat, an dieses Beispiel noch weitere Erwägungen anknüpfen. Denn das Rindvieh, welches sich von dem rothen Klee nährt, ist eine der wichtigsten Grundlagen des Wohlstands von England. Die Engländer konservieren ihre körperlichen und geistigen Kräfte vorzugsweise dadurch, dass sie sich grösstenteils von trefflichem Fleisch, namentlich ausgezeichnetem Roastbeef und Beefsteak nähren. Dieser vorzüglichen Fleischnahrung verdanken die Briten zum großen Teil das Übergewicht ihres Gehirns und Geistes über die anderen Nationen. Offenbar ist dieses aber indirekt abhängig von den Katzen, welche die Feldmäuse verfolgen. Man kann auch mit Huxley auf die alten Jungfern zurückgehen, welche vorzugsweise die Katzen hegen und pflegen und somit für die Befruchtung des Klees und den Wohlstand Englands von hoher Wichtigkeit sind. An diesem Beispiel können Sie erkennen, dass, je weiter man dasselbe verfolgt, desto grösser der Kreis der Wirkungen und der Wechselbeziehungen wird. Man kann aber mit Bestimmtheit behaupten, dass bei jeder Pflanze und bei jedem Tiere eine Masse solcher Wechselbeziehungen existieren. Nur sind wir selten im Stande, die Kette derselben so herzustellen und zu übersehen wie es hier wenigstens annähernd der Fall ist (Haeckel 1898, Bd. I, S. 244–245).

Die Naivität, mit der die Kausalkette von den deutschsprachigen Autoren weiter entwickelt und gestützt wird, erscheint heute irritierend. Wenn in England so üppig Rindfleisch gegessen werden konnte, wie es sich Vogt und Haeckel vorstellten, dann bestimmt nicht von den Industriearbeitern und den Matrosen ihrer britannischen Majestät. Dass eine effiziente Landwirtschaft Voraussetzung für eine effiziente Tierproduktion ist, ist nachvollziehbar. Dass die allgemeine Ernährungssituation insgesamt mit Gesundheit und Kultur zusammenhängt, dass Freiheit und Geistesentfaltung Hand in Hand gehen, dass Geistesentwicklung und Kultur und Ingeniösität zusammenhängen, scheint plausibel, aber nur w i e ? Schwerlich in jener linearen Kausalität, die hier unterlegt wird, weil in ihr die Verbindung sozialer und biologischer Eigendynamiken in denkbar unterkomplexer Weise erfolgt.

In Haeckels Argumentation werden zwei Gedankenstränge sichtbar. Der erste ist ein klassisch sozialdarwinistischer, eine unzulässige Vermischung biologischer Argumente mit einer politischen Rechtfertigungstheorie, für die auch Haeckel in seinen populären Schriften und öffentlichen Auftritten warb. Dieser Gedankengang führt weg von einer naturwissenschaftlich fundierten Welterklärung, führt in die spätere verhängnisvolle politische Instrumentalisierung. Der zweite Gedankengang überwindet mit der schlichten linearkausalen Argumentation noch nicht jene Biologie, die er doch ausdrücklich ablehnte, nämlich eine simplifizierende Argumentation auf der Grundlage der Idee der harmonisch eingerichteten, besten aller Welten eines Weltenschöpfers. In dieser Welt war ja alles auf den Menschen hin und zu seinem Vorteil eingerichtet, selbst wenn man um die Ecke denken musste:

> So halten uns die wilden Tieren z. B. davon ab, in klimatisch unwirtliche Gegenden vorzudringen; die kleinen Feinde der Landwirtschaft sichern dem Landmann den Preis, indem sie die halbe Ernte auffressen und damit ein preisschädliches Überangebot abschöpfen; selbst die Läuse sind sinnvoll, weil uns das Ungeziefer lehrt, gelegentlich Räume und Kleider zu lüften (Anonymus 1795, Vorrede).

In der Argumentation von Vogt und Haeckel offenbart sich vielmehr noch die unmittelbare Denktradition gemäß der Idee der Großen Kette der Wesen (Lovejoy 1993). In ihr hatte der Weltenschöpfer alle unbelebten Dinge und alle Lebewesen in einer Stufenleiter, der *scala naturae,* verbunden. In ihrer Begeisterung für Darwins Theorie übersahen sie die von ihnen praktizierten unzulässigen Schließweisen, die geradezu klassische *non-sequitur*-Fehlschlüsse sind.

Die Grundidee dieses Zusammenhanges lebt mit der Einsicht in die wechselseitigen Abhängigkeiten und Beeinflussungen von Lebewesen, Umweltmedien und unbelebten Substratbestandteilen weiter, allerdings auf einer entscheidend anderen theoretischen Basis, der Synthetischen Evolutionstheorie. Es bedarf keines expliziten Hinweises, dass heutige ökologische Argumentationsketten differenzierter sind, wie der Blick in jedes Ökologie-Lehrbuch zeigt, und dass sie keine allgemeinen Beiträge zur gesellschaftlichen Theorie liefern, obwohl es mit der Soziobiologie (Voland 2009) und der Evolutionären Psychologie (Buss 2014) partielle Schnittmengen zwischen Verhaltensbiologie und Soziologie gibt.

Umgestaltung einer Landschaft 6

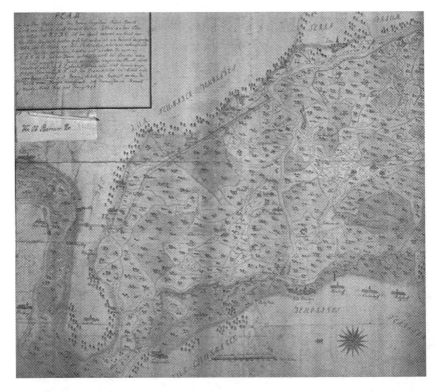

Abb. 6.1 Ausschnitt aus einer Planungskarte für die Melioration 1746, Orig.: 1:50.000, Karte E995 Plankammer Potsdam, Preuß. Geh. Staatsarchiv. Der Ausschnitt gibt nur einen Teil der meliorierten Fläche wieder und zeigt einen Blick vom Barnim nach Osten (oberer Bildrand) auf die Oder, sowie vom rechten Bildrand (Süden), etwa von Wrietzen aus, nach Norden (links) bis über die Neuenhagener Landzunge. Aus: Herrmann und Kaup (1997)

© Springer Fachmedien Wiesbaden 2017
B. Herrmann und J. Sieglerschmidt, *Umweltgeschichte in Beispielen,*
essentials, DOI 10.1007/978-3-658-15433-2_6

Flussauen sind wegen ihres günstigen Mikroklimas und des Jahrtausende langen fruchtbaren Sedimenteintrags gesuchte Flächen für die Landwirtschaft. Deshalb wurden seit langem auch ursprünglich sumpfige Flussauen durch Melioration– d. h. Verbesserung – in landwirtschaftlich nutzbare Flächen gewandelt. Gleichzeitig sollen die Anlieger vor Hochwasser geschützt werden. Ein großmaßstäbliches Beispiel betrifft das Niedere Oderbruch östlich von Berlin, ursprünglich eine Bruchlandschaft mit überwiegendem Weiden- und Erlenbestand und reichlich Wasserflächen, die 1747–1753 drainiert und perspektivisch als landwirtschaftliche Fläche und damit als Steuerquelle erschlossen wurden. Hierfür verkürzte man u. a. die Oder durch eine Kanalverbindung zweier Schleifenenden um fast 30 km, wobei eine Landzunge östlich von Freienwalde durchstochen wurde. Der projektierte Kanal ist als rote Doppellinie in die Planungskarte von 1746 eingezeichnet (Abb. 6.1). Als Hochwasserschutz wurde westlich ein kanalparalleler Deich angelegt, das östliche Flussufer ist durch eine natürliche Hochfläche gegen Überschwemmung gesichert.

Für das 18. Jahrhundert war die Melioration ein bemerkenswertes Großprojekt, das zunächst einem privaten Generalunternehmer übertragen, dann jedoch wegen organisatorischer Mängel und finanzieller Probleme in Staatsaufsicht einem preußischen Ingenieuroffizier unterstellt wurde. Weit über den Beginn der Maßnahme hinaus fiel niemandem auf, dass in den minutiösen Kalkulationen bis hinunter zur Anzahl der benötigten Schaufeln die Kosten für den Kanalbau selbst nicht enthalten waren.

Die Maßnahme stieß auf heftigen Widerstand in der ansässigen Bevölkerung, bei der u. a. auch die Arbeiter und Pioniere einquartiert wurden. Sabotageakte richteten sich gegen die Deiche. Die Antwort waren drakonische Strafen. Die Bevölkerung war im Wesentlichen abhängig von der Fischerei, die wegen des Verlustes an Wasserflächen stark zurückging. Es kam auch in der übrigen Flora und Fauna zu teils dramatischen Rückgängen. Bis auf den Biber, der als Gefahr für die Deiche systematisch ausgerottet wurde, gab es jedoch keinen Artenverlust. Friedrich II. ließ, überwiegend in seinen europäischen Besitzungen, Kolonisten anwerben und für sie im neu drainierten Teil des Oderbruchs zahlreiche Siedlungen gründen, u. a. 1755 Neutrebbin (s. u. Abb. 6.2). Schließlich war mehr als jeder zweite Einwohner der Region Neubürger. Sie waren zumeist ohne jede landwirtschaftliche Erfahrung, wurden für zehn Jahre abgaben- und dienstfrei gestellt und vom Militärdienst befreit, was zu sozialen Spannungen führte.

Letztlich wurde aus dem gesamten Oderbruch das sog. Gemüsebeet Berlins. Die Industrialisierung der Landwirtschaft in den Kooperativen der DDR führte zum Einsatz immer größerer und schwererer Landmaschinen. Um deren Einsinken im Boden zu verhindern wurden erhebliche Grundwassersenkungen

Abb. 6.2 Evakuierung bei Neutrebbin, Niederoderbruch, Brandenburg. (Neutrebbin, eine Neugründung nach der Melioration, liegt etwas rechts außerhalb des in 6.1 abgebildeten Kartenausschnitts). Nach einem kalten und schneereichen Winter kam es im März 1947 infolge von Eisversetzungen bzw. Deichbrüchen zu großflächigen Überschwemmungen im Oderbruch. Aus: Jahreskalender für 2010 „Nach dem Hochwasser ist vor dem Hochwasser", Geographisches Institut der Georg August Universität Göttingen, Hrsg

durchgeführt. Dem damit verbundenen Abriss des Kapillarwassers im Boden steuerte man entgegen, indem – unmittelbar neben der Oder – die landwirtschaftlichen Flächen künstlich beregnet wurden. Nicht nur wegen dieser ökologischen Dysfunktionalität, sondern auch wegen der Landwirtschaftpolitik der Europäischen Union sind heute erhebliche Teile ehemals meliorierter und wirtschaftlich genutzter Flächen des Oderbruchs nach der Wiedervereinigung aus der Produktion herausgenommen worden. An ihre Stelle sind eine teilweise musealisierte Landschaft und sanfter Tourismus getreten.

Hochwasserschutz in Talauen ist aufwendig und letztlich unsicher. Seit jeher litten Menschen, die in Flussnähe siedelten, unter den Hochwassern im Frühjahr nach der Eisschmelze und im Sommer nach einschlägigen Wetterlagen und Schneeschmelzen in den höheren Gebirgsregionen und den damit häufig verbundenen Verlagerungen der unregulierten Flusssysteme. Beispielsweise hatte die Elbe bei Magdeburg im Mittelalter ihr Flussbett auf einer Länge von 75 km über eine Breite zwischen 15 und 20 km verlagert. So liegt das 1300 am Flussufer gegründete Wolmirstedt heute bis zu 6 km vom Fluss entfernt. In der Region fielen durch Flussbettverlagerungen insgesamt 27 Siedlungen wüst (Reischel 1930). Damit verbundene Verluste an Hab und Gut, an Siedlungen, an Ackerland und Ernten und schließlich an Viehbestand waren ruinös. Einschlägige Erfahrungen reichen für Elbe und Oder bis in die letzten Jahre zurück und verlangen selbst unter den Bedingungen heutigen Wohlstands und technologischer Verfügbarkeiten enorme Anstrengungen der öffentlichen wie privaten Hand.

Im Falle der Oder gab es trotz der Deiche immer wieder Hochwasser vernichtenden Ausmaßes, zuletzt 1997, wenn auch in diesem Jahr weiter flussaufwärts. Hochwasser gehören zu den häufig untersuchten umwelthistorischen Ereignissen. Kaum eines bewegt die Vorstellung so stark, wie das Sommerhochwasser im gesamten Mitteldeutschland von 1342 (Magdalenenhochwasser), das sämtliche großen Flüsse Mitteleuropas betraf (Glaser 2001, 200 f.). Damals stand das Wasser u. a. in Köln so hoch, dass man mit einem Kahn in den Dom einfahren konnte, wo das Wasser einem Mann bis an den Gürtel reichte.

Die Eindeichung und Drainierung der Oder war tatsächliche eine generationenübergreifende Maßnahme (Herrmann und Kaup 1997), die mehrfache umfängliche Nachfolgevorhaben erforderlich machte und die zuletzt 2002 eine Bewährungsprobe zu bestehen hatte. Es gehört zu den einfachen Wahrheiten, dass die Sedimentfracht eines Fließgewässers bei Eindeichung u.a. eine beständige Erhöhung der Deichkrone erforderlich macht, weil die Flusssohle durch den Sedimenteintrag nach oben wandert.

Warum siedeln Menschen in einer solchen Gegend, die trotz Vorsorge grundsätzlich ihr Hab und Gut und ihr Leben bedroht? Kultivierte Flussauen sind Hochertragsregionen, die hohe Ernteversprechungen machen bzw. Vorteile einer optimalen Infrastruktur durch den Wasserweg nutzen. Menschen, die hier siedeln, wetten gegen ihr Risiko auf einen langfristigen Gewinn. Das kann gut gehen, muss es aber nicht. Mit der Rhein-Rektifizierung durch Johann Tulla Anfang des 19. Jh.s wurden beispielsweise zwar die Anlieger des Oberrheins dauerhaft vom Hochwasser verschont. Das wurde dafür letztlich auf die Unterlieger nördlich von Mannheim verlagert, wo es bis heute beinahe jährlich die Nebenflüsse und Siedlungen bis nach Köln bedroht (Zweckbronner 2001, S. 123 f.). Und, so merkwürdig es klingt: In der Erinnerung reiht sich, hier wie dort, ein angebliches Jahrhunderthochwasser ans andere. Doch spätestens nach einer Generation erinnert sich niemand mehr, wie das Hochwasser der Elbe von 2002 zeigte. Dort traten an Nebenflüssen an einzelnen sächsischen Orten exakt dieselben Zerstörungen von Straßen und Häusern auf wie anlässlich des Jahrhunderthochwassers von 1927. Man hatte einfach an Ort und Stelle wieder aufgebaut und dabei der weiter bestehenden Bedrohung keine Beachtung geschenkt.

Abb. 7.1 Der Uluru im Sonnenuntergang. Ayers Rock in der zentralaustralischen Wüste ist der Inbegriff eines spirituell aufgeladenen Landschaftsensembles, einer *Kulturlandschaft*. Der Uluru gilt den Ureinwohnern Inneraustraliens als heiliger Bezirk. Bildrechte: Uluru-Kata Tjuta National Park – A World Heritage Area, Permit 4116/2015

© Springer Fachmedien Wiesbaden 2017
B. Herrmann und J. Sieglerschmidt, *Umweltgeschichte in Beispielen,*
essentials, DOI 10.1007/978-3-658-15433-2_7

Vorstellungen, die sich Menschen von der Welt machen, führen zu unterschiedlicher Bewertung der real zugänglichen Räume, in denen menschliches Leben möglich ist. Oft wird der Raum gedanklich in verschiedene Akteursebenen unterteilt und kann so zugleich für spirituelle Zwecke wie für die Notwendigkeiten der materiellen Subsistenz bzw. der Gütererzeugung genutzt werden, wie heute in Mitteleuropa.

Manchmal aber werden Menschen und ihre Handlungen aus bestimmten räumlichen Parzellen völlig verbannt, bzw. diese sind nur sehr eingeschränkt zugänglich, während sich das alltägliche menschliche Leben in den übrigen Arealen abspielen darf.

Menschen belegen manche Areale mit Gedanken, mit spirituellen Vorstellungen, mit Zuweisungen von Aufenthaltsorten für Geistwesen. In ihren Vorstellungen werden solche Orte heilig oder stellen die Verbindung zu transzendenten Welten dar. Solche Orte bzw. Landschaften sind Hervorbringungen kultureller Leistungen, sie sind damit im übertragenen Sinne *Kulturlandschaften*. Selbst wenn Menschen diese Räume als verboten meiden, sie nie betreten bzw. in ihnen ausschließlich Veränderungen einer sich selbst überlassenen Natur ablaufen, handelt es sich um Kulturlandschaften, weil sie mit erheblichem kulturellen Aufwand aus menschlicher Vorstellung hervorgebracht und mit dieser Bedeutung in die sinnlich erfahrbare Welt transformiert wurden (Abb. 7.1). Ihre Erkennbarkeit hängt indes von der Zugehörigkeit zu der spezifischen Kultur ab, mindestens aber von deren Verständnis.

Üblicherweise werden Kulturlandschaften als solche Land- und Wasserflächen betrachtet, die von Menschen be- oder überbaut, d. h. gegenüber dem ursprünglichen Zustand stark verändert worden sind. Namengebend ist dabei die noch im 18. Jahrhundert gebräuchliche lateinische Bedeutung für Feld- und Ackerbau, für angebautes Land: *cultura*. Für die Kulturlandschaft im eben gemeinten Sinne könnte die seit der Antike ebenso präsente Nebenbedeutung der Verehrung herangezogen werden: *cultus*.

Abb. 8.1 Claude Lorrain, Landschaft mit Ziegenherde. National Gallery London

© Springer Fachmedien Wiesbaden 2017
B. Herrmann und J. Sieglerschmidt, *Umweltgeschichte in Beispielen,*
essentials, DOI 10.1007/978-3-658-15433-2_8

Abb. 8.2 Wörlitz, Foto BH 2004

Keine Landschaftsfantasie hatte einen ähnlich wirkmächtigen Einfluss auf die europäischen Sehgewohnheiten der Moderne wie die Parklandschaft. Sie ist nachweislich eine Erfindung im Wesentlichen dreier Maler: Claude Lorrain (1600–1682), Nicolas Poussin (1594–1665) und Salvator Rosa (1615–1673), von deren Leinwänden sie ihren Weg in die Englischen Landschaftsgärten fand (Abb. 8.1). An ihnen wurde das europäische Auge geschult, bis es die Künstlichkeit dieser Arrangements für natürlich hielt. Dabei waren die eigentlichen und realen Vorbilder Auenlandschaften mit Solitärbaumbeständen, wie beispielsweise am Niederrhein, die das Ergebnis konstanter Weidetätigkeit von Großherbivoren (d. h. pflanzenfressendem Großvieh) in menschlicher Obhut waren (Herrmann 2012). Landschaftsgärten wie Wörlitz (Abb. 8.2) gelten als vollendeter Typus einer ins Ästhetische gesetzten Kolonisierungslandschaft, die als Landschaftsgarten keine Produktivität im Sinne der Nahrungs- und Ressourcenbereitstellung mehr erfüllt. An ihre Stelle ist die Produktion eines ästhetischen Genusses getreten, eines Wohlgefallens, das selbstverständlich kein interesseloses mehr sein kann. Der Landschaftsgarten stellt verdinglichten Distinktionsgewinn dar.

Eine weitere Kulturlandschaft: die Kolonisierungslandschaft

Abb. 9.1 Moselschleife bei Kröv. Foto/Bildrechte: Dominik Ketz, 2010

B. Herrmann und J. Sieglerschmidt, *Umweltgeschichte in Beispielen*, essentials, DOI 10.1007/978-3-658-15433-2_9

Die Landschaft der Moselschleife bei Kröv (Abb. 9.1) ist ein idealtypisches Beispiel der mitteleuropäischen Kolonisierungslandschaft. Der Begriff steht für *absichtliche* physische Eingriffe in eine Landschaft, allermeist zum Zweck der Agrarwirtschaft bis hin zu ihren Folgelandschaften, wie etwa Städte und Industrielandschaften.

Die Siedlungen suchen die Nähe des Wassers, von dem sie als Trink- und Brauchwasser abhängig sind, vordem auch als Wege- und Transportsystem sowie für die Informationsverbreitung. Kolonisierungslandschaften sind Wirtschaftsflächen, die in generationenübergreifender Gemeinschaftsleistung gewonnen wurden und hier an Ort und Stelle in Mitteleuropa der beständigen Arbeit zur Offenhaltung gegen den Gehölzaufwuchs der natürlichen Vegetation bedürfen. Je nach Neigung und Ausrichtung eignen sich die Hänge des Flusstals zum Ackerbau oder zur Rebenkultur. Deutlich sind die Mischnutzung der Agrarflächen und die Mosaike der übrigen landwirtschaftlichen Produktionsflächen zu erkennen, deren Erzeugungsvielfalt die letztlich wichtigste Risikostreuung im Agrarsystem darstellt. Solche Mosaiklandschaften haben die höchste numerische Artendiversität, viel höher als in der potenziellen natürlichen Waldbiozönose. Dieser Artengipfel entsteht durch Einsickern von zunächst gebietsfremden Arten in eine anthropogene Nische, ist also ursprünglich naturräumlich-geografisch nicht autochthon.

Die Rückenlagen der Mittelgebirgszüge im Hintergrund beherbergen die Wälder, deren Rohstoffe in der vorindustriellen Zeit überlebenswichtig für die Siedlungen und ihre Menschen waren. Im Vordergrund links sind Flächen erkennbar, die ehedem als Weideflächen für die Wanderschäferei dienten, jetzt aber verbuschen. Zumeist entstanden auf solchen Flächen wegen der starken Temperaturdifferenzen humusarme Trockenrasen mit Orchideenvorkommen. Auf dieser Abbildung dürfte nicht ein Fleckchen zu sehen sein, einschließlich der Wirtschaftsforste, das nicht von Menschenhand geformt wurde. Selbst bei der Wolkenformation darf in den Zeiten des anthropogenen Klimawandels vermutet werden, dass in ihnen auch ein anthropogener Anteil steckt.

Es ist zu betonen, dass bereits Jäger-Sammler und einfache Selbstversorger durch ihre Nutzungspraktiken eine auf menschliche Bedürfnisse abgestellte Landschaft hervorbringen (als *humanized landscape* nach Wilbur Zelinsky; s. Denevan 2011). Jegliche Formen des Lebens, ja auch geophysikalische Ereignisse haben Einfluss auf die Entwicklung eines bestimmten Ausschnitts der Erdoberfläche. Nur für uns formt sich ein solcher Ausschnitt durch Arbeit zu einer spezifischen Landschaft als ganzheitlich verstandene, vielfach ästhetisierende Wahrnehmung desselben.

Ein Baum ist ein Baum ist ein Baum

10

Abb. 10.1 Ansel Adams (1902–1984) Ein unbenannter Berggipfel im Kings River Canyon, Kalifornien, 1936. Bildrechte: US National Archives Still Picture Branch, 79-AAH-8. Das Bild des berühmten amerikanischen Landschaftsfotografen Ansel Adams wurde 1936 aufgenommen als damals übliche Schwarz-Weiß-Aufnahme. Adams erreichte seine eindrucksvollen Aufnahmen vor allem mit Großformatkameras und durch Verwendung von Objektiven für große Schärfentiefen

© Springer Fachmedien Wiesbaden 2017
B. Herrmann und J. Sieglerschmidt, *Umweltgeschichte in Beispielen,*
essentials, DOI 10.1007/978-3-658-15433-2_10

Das Foto zeigt mehrere Koniferen in einer Gebirgslandschaft vor einem wolken-
bewegten Himmel. Die Wuchsform des zentralen Nadelbaums ist durch die Wit-
terungsextreme in exponierter Lage gestaltet. Obwohl eine realistisch anmutende
Naturfotografie, geht die inszenierende Abbildungsweise über das bloß Abgebil-
dete hinaus und offenbart in seiner Darstellung *für den Betrachter* eine gleichsam selbsttätige vielfältige Belegung von Naturphänomenen mit Symbolen und
Kontexten. Th. Adorno fand hierfür die Formel: „*Schön ist an der Natur, was als
mehr erscheint, denn was es buchstäblich an Ort und Stelle ist*" (2003, S. 111)
(Abb. 10.1)

In dem hier abgebildeten Baum vermöchte ein entsprechend konditionierter
Betrachter die Fähigkeit und Kraft der Natur erkennen, dem Baum eine Anmu-
tung von Leichtigkeit zu verleihen, den widrigsten Standortfaktoren zum Trotz
als Ausdruck des Lebenswillens. Im vorliegenden Fall liegt der Rückgriff auf frühere Bildkonstruktionen, etwa von Caspar David Friedrich (1774–1840) oder auf
die Überlegungen zur Pathosbeladenheit von Naturschauspielen durch Edmund
Burke (1729–1797), auf der Hand. Beide Konstruktionen sind Leitbilder der
romantischen Naturrezeption, in der die emotionale Seite der Kulturgeschichte
des Baumes einen prominenten Platz einnimmt (Demandt 2014).

Etwas disproportioniert zu dieser gefühlsbetonten Seite wird den Bäumen als
Produzenten des bis vor kurzem noch als Bauholz, Werkholz wie als Brennstoff
wichtigstem Festmaterial der Kulturgeschichte eher geringere Aufmerksamkeit
zuteil, allermeist reduziert auf die technischen Eigenschaften und ökonomische
Bedeutung von Holz. Die Geschichte der Menschheit, so wie wir sie kennen,
wäre ohne Holz so nicht in Gang gekommen und hätte so nicht ihren Verlauf nehmen können (Fansa und Vorlauf 2007), und zwar in allen nur denkbaren Zusammenhängen und nicht nur der Realiengeschichte. Aus Holz war das erste Rad.
Holz ermöglichte Bergbau und Verhüttung, ohne Holz kein Glas und damit u. a.
kein Blick in den Mikrokosmos und den Makrokosmos. Ohne hölzernes Hör-
rohr und Beißholz kein Fortschritt in der Medizin. Holz ist Werkstoff für Behäl-
ter, Werkzeuge, für Möbel und Waffen. Die Kontinente wären nicht zueinander
gekommen, hätten nicht Holz, Holzkohle und Holzasche die erforderliche materielle Basis geliefert und die Umsetzung technischer Prozesse ermöglicht. Und die
größte Beschleunigung der Kulturgeschichte, die sie durch die Verbreitung von
Informationen und Wissen erfuhr, verdankte sich dem Papier, das seit der Mitte
des 19. Jahrhunderts aus Holz hergestellt wurde.

Erklärung eines Landschaftswandels

(a) **(b)**

(c) **(d)** **(e)**

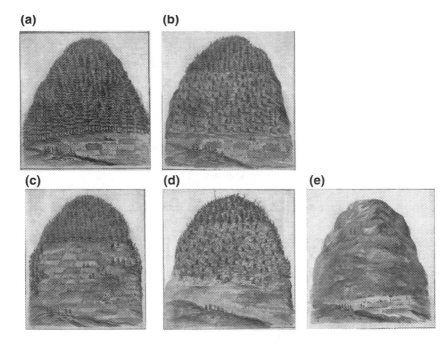

Abb. 11.1a–e Historische Darstellung eines Landschaftswandels, **a** fiktiver Ausgangs-zustand, Agrarflächen in der Talaue und bewaldete Hänge, balanciertes hydraulisches Regime; **b** Einschlag des Waldbestandes und Holzgewinnung für den Hausbrand, Frei-legung von Hangflächen, reduzierte Speicherkapazität; **c** Ausdehnung der Kolonisie-rungsflächen reduziert die Speicherkapazität weiter; **d.** Abbrennen der Restvegetation zur Erzeugung einer Strauchschicht und Grasnarbe für die Schäferei bzw. zur Vorbereitung von neuen Kolonisierungsflächen bei gleichzeitiger Mineraldüngung, mögliches Übergreifen der Flammen auf den Waldbestand oberhalb zerstört auch die Vegetation in landwirtschaft-lich nicht nutzbarer Hanglage; **e** völliger Verlust des Rückhaltesystems, Devastierungen der Hänge und Talauen durch Erdrutsche, starke Auswaschungen und Massenabgänge bei Niederschlägen und Schneeschmelze. Zeichnungen aus dem Kodex der Gebrüder Paulini, 1601. Bildrechte: Cessi und Alberti, 1934

© Springer Fachmedien Wiesbaden 2017
B. Herrmann und J. Sieglerschmidt, *Umweltgeschichte in Beispielen,*
essentials, DOI 10.1007/978-3-658-15433-2_11

Im 15/16. Jahrhundert kam es in Oberitalien zu einem Bevölkerungszuwachs, der notwendig mit der Ausweitung der Kolonisierungsflächen verbunden war, um den gestiegenen Bedarf an Nahrungsmitteln zu decken. Dabei wurden auch Flächen erschlossen, die bisher bewaldete Hanglagen waren. Waldökosysteme sind wichtige Speicher und Rückhaltesysteme für Süßwasser. Die klimatischen Veränderungen des 16. Jahrhunderts führten in der Po-Ebene zu Zerstörungen von Kolonisierungsflächen durch Erdrutsche und Gerölleintrag, zu Hochwasser und prekären Ernteverlusten mit nachfolgenden Hungersnöten und einer Verlandung der Lagune von Venedig. Die Brüder Paulini, Gutsbesitzer aus dem Veneto, verfassten 1601 eine Denkschrift an den Dogen in Venedig, um auf die Ursachen für den Verlust von Ackerland und die Störungen des hydraulischen Regimes aufmerksam zu machen (Abb. 11a–e). Sie erkannten die Entwaldung der Hänge als Ursache auch für die Verlandung der Lagune von Venedig und empfahlen eine Wiederaufforstung. Sie fügten der Schrift Illustrationen zu ihrer Erklärung des Problems und Kartenskizzen der konkret betroffenen Regionen bei, und benannten und beschrieben das grundsätzliche Problem in einer auch heute noch gültigen Weise. Die Denkschrift ist ein frühes Dokument sowohl für eine bestimmten Rezeptionshaltung als auch einer kausal-analytischen Argumentation bezogen auf Umweltfaktoren und die Einsicht in grundsätzliche ökologische Zusammenhänge. Ob Maßnahmen zur Wiederaufforstung ergriffen wurden oder der Bevölkerungsrückgang im 17. Jahrhundert die natürliche Wiederbewaldung begünstigte, ist nicht bekannt.

Die Sicht auf die Natur und tatsächliche bzw. vermeintliche Verluste

(a)　　　　　　　**(b)**

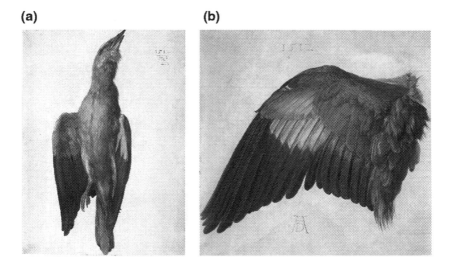

Abb. 12.1a, b Albrecht Dürer (1512) Aquarelle mit Deckfarben auf Pergament, 27 * 20 bzw. 20 * 20 cm. Bildrechte: Schröder. u. Sternath, 2003

© Springer Fachmedien Wiesbaden 2017
B. Herrmann und J. Sieglerschmidt, *Umweltgeschichte in Beispielen*,
essentials, DOI 10.1007/978-3-658-15433-2_12

Wegen ihrer Farbigkeit trug die Blauracke *(Coracias garrulus)* im 16. Jahrhundert auch die Bezeichnung Teutscher Pappagey. Dürer malte ihren Balg und einen Flügel 1512 in realistisch-exakter Manier und atemberaubender Meisterschaft und Präzision (Abb. 12a, b).

Die Blauracke war früher Brutvogel an vielen Plätzen in Mitteleuropa, aber wohl durch die Klimadepression der Kleinen Eiszeit in Deutschland bereits im 16. Jahrhundert lückenhaft vertreten. In der Oberrheinebene war sie noch bis Ende des 19. Jahrhunderts nicht selten. Heute konzentriert sich ihr Verbreitungsgebiet auf Süd- und Osteuropa. Nach Süddeutschland kommen gelegentlich Einzeltiere als Sommergäste. Ihr Areal- und Bestandsschwund in Westeuropa hat Ursachen in Klimaveränderungen, Änderungen der Agrarstruktur (u. a. Rückgang von Großinsekten) und direkter Verfolgung durch Menschen (Springer und Kinzelbach 2009).

Die Blauracke könnte hier als Platzhalter für einen historischen Artenrückgang dienen. Die historisch größte Artenzahl gab es in Mitteleuropa aber nicht etwa vor langer Zeit, wie es die Mythen der Rückvergoldung so gern annehmen. Denn Mitteleuropa war vor der karolingischen Ostexpansion ein Waldgebiet, und mitteleuropäische Wälder sind, selbst wenn sie als Urwälder bezeichnet werden, nicht artenreich. Mitteleuropa hatte seinen höchsten Artenreichtum in den an agrarisch-forstlichen Mosaiken reichen Landschaften der Mitte des 19. Jahrhunderts. Dabei handelte es sich nicht um einen autochthonen Artenreichtum im eigentlichen Sinne. Vielmehr war dieser die langfristige Folge der allmählichen anthropogenen Umgestaltung der Landschaft seit der Zeit Karls des Großen.

Biologen sehen in der Dynamik sich ständig verändernder Lebensgemeinschaften ein raumabhängiges selbstverständliches evolutives Geschehen. Den öffentlichen Diskurs dominieren jedoch häufig Verlustklagen, wobei positive Zuwächse z. B. bei der Artenvielfalt kaum wahrgenommen werden. So ist, bezogen auf das Ende des 19. Jahrhunderts, z. B. für Bayern bei den Vögeln ein Artenzuwachs von 8 % bei jetzt 207 Brutvogelarten festzustellen. Zählt man die noch nicht sicher und dauerhaft etablierten Arten hinzu, wären es sogar 14 % (Josef Reichholf, pers. Mittlg.). Der aktuellen Rückkehr großer Prädatoren, d. h. Raubtiere (Bär, Wolf), wird sogar mit Argwohn und Ablehnung begegnet.

Die Natur erobert zurück? 13

Abb. 13.1 Eine von Würgefeigen überwucherte Tempelanlage in Koh Ker, Kambodscha
Foto aus/Bildrechte: Deutsches National Geographic, April 2008

© Springer Fachmedien Wiesbaden 2017   32
B. Herrmann und J. Sieglerschmidt, *Umweltgeschichte in Beispielen,*
essentials, DOI 10.1007/978-3-658-15433-2_13

Piranesis Veduten der antiken römischen Bauwerke aus der Mitte des 18. Jh stellen mit ihrem sichtbaren Bewuchs ein Beispiel für Szenerien dar, aus denen sich u. a. der Topos einer angeblichen Zurückeroberung durch die Natur entwickeln konnte. Eindrucksvollere Beispiele liefern heute überwucherte antike Großbauten in Indochina oder Bauwerke mittelamerikanischer Indianerkulturen. Hätte sich jemand die Mühe einer zeitgenössischen Abbildung gemacht, wären hierfür schon früher zahlreiche Wüstungen nach dem großen Siedlungssterben in Mitteleuropa in der Mitte des 14. Jahrhunderts infrage gekommen.

Siedlungen sind in ihrer Existenz nicht nur von politischen Entscheidungen abhängig, sie sind viel stärker auch von naturalen Rahmenbedingungen abhängig, als das auf den ersten Blick erscheint. Selbst Großsiedlungen, die nach einigen Jahrhunderten aus vorgeblich natürlichen Ursachen wieder aufgelassen wurden, sind weltweit zahlreich, wie beispielsweise Mohenjo-Daro im Industal, das nach der Verlagerung einer Flussschleife etwa 1800 BCE aufgelassen wurde.

Der Gedanke einer zurückerobernden Natur kann nur entstehen, wenn der betreffende Ort wegen der menschlichen Aktivitäten und Bauwerke für *naturfrei* gehalten wird. Allein schon die Vorstellung, dass etwas naturfrei sein könne, nur weil grobsinnlich kein organismisches Lebewesen außer Menschen erkennbar ist, grenzt ans Absurde. Offenbar gehört es zur situativen Selbstverständlichkeit, Menschen nach Bedarf der Natur zuzurechnen oder auch nicht. Keine Oberfläche auf der Erde zwischen Meeresspiegel und 5000 m Höhe mit Ausnahme der zirkumpolaren Regionen dürfte frei von Leben sein. Und selbst in den polaren Gebieten lassen sich Spuren von Lebewesen nachweisen.

Bauwerke gehören als Anpassungsleistung zur menschlichen Ökologie, sie sind Ausdruck nicht nur naturgegebener menschlicher Fähigkeiten sondern überhaupt seiner Eigenschaften, sie gehören damit zu seiner Natur, selbst wenn diese Einsicht auf den ersten Blick irritieren sollte. Niemand würde wohl beispielsweise ein Vogelnest als naturfrei bezeichnen. Es gibt eben mehr tätige Lebewesen als nur den Menschen: neben den *Homo faber* lassen sich nämlich bei Lichte besehen viele Lebewesen stellen, die als *animales fabri* Veränderungen in ihrer Umwelt vornehmen, für die Menschen das Wort t e c h n i s c h verwenden würden. Und zusätzlich zu Menschen bewohnen selbstverständlich zahlreiche Organismen die Oberflächen und Innenräume von Bauwerken.

Die Würgefeige im Bild (Abb. 13.1) besetzt nur einfach in opportunistischer Nutzung und suggestiv einen Platz, weil Menschen von einem bestimmten Zeitpunkt an keinen Anstoß an ihr genommen haben. An Wohnplätzen oder regelmäßig genutzten Lagerplätzen von Tieren wächst schließlich auch keine dichte Pflanzendecke auf. Hier käme wohl niemand auf die Idee, von einer Verdrängung der Natur zu sprechen. Auch das Wüstfallen von Stadtanlagen in risikobehafteten

Umgebungen, wie etwa die Nabatäersiedlung Hegra im heutigen Saudi Arabien oder Mohenjo Daro im Industal, ist keine Rückeroberung der Natur. Es handelt sich lediglich um naturräumliche Sukzessionen.

Was die Abbildung *tatsächlich* darstellt, ist der – möglicherweise nur temporäre – Ersatz einer lokalen Lebensgemeinschaft von Organismen durch menschliche Aktivität, mit der jedoch eine anthropogene Lebensgemeinschaft platziert wurde. Entfällt der menschliche Kolonisierungsaufwand, ermöglichen die umgebenden Biozönosen das Einsickern von Lebewesen und damit die Entstehung einer neuen Lebensgemeinschaft. Diese *kann* der ehemaligen entsprechen, *muss* es aber nicht, weil sich die Existenzbedingungen durch die anthropogene Zwischennutzung geändert haben können. Wie auch immer, Natur war zu keinem Zeitpunkt abwesend und kann deshalb auch nicht zurückerobern, was sie nie aufgegeben hatte.

GUIANERS.

Abb. 14.1 Karibisches Menschenpaar. Aus: Stuart u. Kuyper 1805. Unüberschbar ist in diesem Fantasiebild der Aufklärung der Anschluss an Arkadienmotive, unterstrichen durch die amazonenhafte weibliche Gestalt und durch antikisierende Ausstattungselemente, etwa der an eine *Sella curulis* erinnernden Steinskulptur im rechten Bildvordergrund. Eine Utopie sucht sich ihre Bilder, indem sie südamerikanisches Interieur mit Versatzstücken der Sehnsuchtsprojektionen der deutschen Klassik verknüpfte

© Springer Fachmedien Wiesbaden 2017   35
B. Herrmann und J. Sieglerschmidt, *Umweltgeschichte in Beispielen,*
essentials, DOI 10.1007/978-3-658-15433-2_14

Ein Sehnsuchtsziel vieler Menschen ist ein Leben im Einklang bzw. in Harmonie mit der Natur, ein Lebensentwurf, der seit Menschengedenken auch als Gegenentwurf zum gelebten Leben, zuweilen als Utopie verstanden wird. Zu deren Herstellung bedürfe es z. B. einer Entschleunigung der Lebensweise, einer Entkoppelung von vielen materiellen Überflüssigkeiten sowie von Errungenschaften der Moderne.

Sehr schnell stellt sich unter diesem Wunschdenken eine Vorstellung ein, wonach Menschen früher, d. h. vor der Industrialisierung, wohl auch zeitlich und örtlich außerhalb von dieser oder geografisch weit weg von d e r Zivilisation, in einem naturnahen Zustand gelebt hätten. Ohne gesellschaftliche Zwänge, nahe bei Tieren und Pflanzen und mit diesen in einer Art mitgeschöpflicher Eintracht und ewigem Frieden, wie es für das Leben des *bon sauvage,* des edlen Wilden, vermutet wurde.

Vermeintlich naturbewahrende indigene Ethnien haben in Bezug auf bestimmte Ressourcen vielleicht eine gewisse Schonung üben müssen. Sie waren aber insgesamt nicht jene harmoniebegabten Naturmenschen, zu denen sie die ethnografische Literatur seit dem 16. jahrhundert zuweilen stilisierte. Ein ähnlicher Gestus lebte noch einmal mit der Blumenkinder-Bewegung Ende der sechziger Jahre des letzten Jahrhunderts auf, in deren Folge die politisierte Ökobewegung einer vermeintlichen Weissagung der Cree-Indianer *(Erst wenn der letzte Baum gerodet, der letzte Fluss vergiftet, der letzte Fisch gefangen ist, werdet Ihr merken, dass man Geld nicht essen kann.)* zu weiter Verbreitung verhalf. Die Authentizität dieser Prophezeiung ist umstritten, wie auch der verbreitete Wortlaut der ähnlich gelagerten Rede des Häuptlings Seattle, deren popularisierte Fassung tatsächlich einem Drehbuchschreiber der siebziger Jahre aus der Feder floss (Kaiser 1992).

Dass der Mensch in jenem rousseauschen Urzustand so lebte, ist abwegig. Es widerspricht dem heutigen Verständnis der Wissenschaft, dass Menschen jemals ohne ihre gesellschaftlichen, zivilisatorischen und naturalen Fesseln gelebt hätten oder hätten leben können.

Das Leben im Einklang mit der Natur ist eine bereits in der Antike als goldenes Zeitalter *(aetas aurea)* beschriebene Utopie und später im Christentum mit der Paradiesfantasie verbunden worden. Erneut auf kam es mit den Entdeckungsreisen in der vorkolonialen Moderne, als zumindest einige der Reisenden die Beschreibung der indigenen Völker mit der Kritik an den Zuständen der als verderbt empfundenen europäischen Gesellschaften verbanden (Hall 2008). Im Blick zurück verklärt sich die Geschichte zu ihrer deszendenztheoretischen Variante: dem Mythos vom verlorenen Paradies. Die Europäer projizierten ihre Sehnsucht mit tatsachenblindem Idealismus in die neu entdeckten Tropen, wo die vermeintlich edlen Wilden angeblich diesen europäischen Traum lebten (Abb. 14.1). Der

Mythos beruht auf der Vorstellung einer eigenen naturentfremdeten Lebensweise, auf einem naiven Naturbegriff, der behauptet, dass es eine eigentliche Natur gäbe, in der Menschen auf eine technologiearme und anspruchslose Weise leben sollten. Menschen besitzen aber ihre zivilisatorischen Errungenschaften, *weil* diese als *Möglichkeit* zu ihren Grundeigenschaften, zu *ihrer* Natur gehören. Da Leben außerhalb der Natur bzw. gegen sie nicht möglich ist, muss auch Einklang mit dieser *nicht erst* hergestellt werden.

Die relativierende Vorstellung eines gemäßigten Einklanges mit der Natur, gewissermaßen einer harmonisierten Harmonie mit ihr, wirft die unbeantwortbare bzw. nicht allgemein zu beantwortende Frage auf, bis wohin eine solche Einflussreduzierung der Kultur anzustreben wäre. Maßstäbe dafür kann nur die gesellschaftliche Aushandlung liefern. Sicher ist, dass ein zivilisationsreduzierter Einklang mit der Natur in der Wirklichkeit eine Herrschaft naturaler Faktoren über das eigene Leben bedeuten würde. Unter diesen Umständen wären die naturalen Einflussfaktoren von gravierender Bedeutung, weil sie kaum oder gar nicht von zivilisatorischen Errungenschaften gedämpft wären. Hier werden die Abgleichkonflikte bei der Nutzung natürlicher Ressourcen besonders sichtbar: Man greift z. B. gern nach dem Penizillin und erkauft sich damit multiresistente Keime.

Sollte dem Einklang-Gestus h e u t e perspektivisch u. a. die Absicht einer Reduzierung des Naturverbrauchs im eigenen wie kollektiven Handeln unterliegen? Dann müsste dem uneingeschränkt zugestimmt werden, wenn nicht aus moralischen Gründen, dann wenigstens aus praktischen, da die Regale im „Warenhaus Natur" (Günther Bayerl) nicht beliebig nachgefüllt werden.

Die alles verzehrende Kraft des Wassers

15

Abb. 15.1 Einleitung toxischer Abwässer aus der Gemeinschaftskläranlage (Common Effluent Treatment Plant) ortsansässiger chemischer Betriebe in Vapi (Gujarat, Indien) in den Fluss Damanganga (Foto/Copyright: Greenpeace/Shailendra Yashwant; 1.9.1999). Acht Jahre nach der Aufnahme des Bildes hatte sich die Region Vapi zu einem der unwirtlichsten, am höchsten vergifteten Plätze der Erde entwickelt. Die vom Blacksmith Institute 2007 zusammengestellte TIME-Liste der elf Orte der Welt mit der höchsten Umweltverschmutzung führt auf Position 4 die indische Stadt Vapi auf

© Springer Fachmedien Wiesbaden 2017
B. Herrmann und J. Sieglerschmidt, *Umweltgeschichte in Beispielen*,
essentials, DOI 10.1007/978-3-658-15433-2_15

Das Prinzip der Entsorgung in Flüsse, wie es die Abbildung zeigt, ist keine Erfindung der kapitalistischen Moderne. In der Alten Welt vertraute man bereits seit der Antike auf die alles verzehrende Kraft des Wassers und meinte damit die Kraft des Fließgewässers, durch die Müll und Unrat wegtransportiert wurden. Wie die Unterlieger am Fluss mit der Verschmutzung umgingen, regelte man mittelalterlich bestenfalls über eine Begrenzung der Entsorgungstage bei den Oberliegern, u. a. deshalb, damit wenigstens an bestimmten Tagen halbwegs sauberes Wasser zum Bierbrauen verfügbar war.

Die Belastungen der europäischen Flusssysteme infolge der seit der Industrialisierung drastisch gestiegenen Immissionseinträge (z. B. Büschenfeld 1997) erreichte derart lebensabträgliche Größenordnungen, dass in der zweiten Hälfte des 20. Jahrhunderts immense Anstrengungen zur Klärung der Abwässer und für die biologische Wiederbelebung von Flüssen in Europa erforderlich wurden. Die hier gezeigte Situation (Abb. 15.1) hätte deshalb so auch vor einigen Jahrzehnten in Mitteleuropa fotografiert werden können.

Eine ähnlich gelagerte Ausgangssituation bot dem Dichter Wilhelm Raabe Anlaß zu einem der ersten Beiträge zur Literaturgattung des *Ecocriticism* (Dürbeck und Stobbe 2015), wie die Literaturwissenschaft solche Beiträge bezeichnet, die sich in besorgter Weise mit Umweltzuständen auseinandersetzen. Raabes Roman *Pfisters Mühle* (1884) nimmt ihren Ausgang von einer historisch realen Umweltverschmutzung. Die Handlung spielt in der Umgebung des fiktiven Örtchens Krickebach (tatsächlich handelt es sich um Örtlichkeiten innerhalb des heutigen Stadtgebietes von Braunschweig).

Angeregt wurde das Werk durch einen Prozess, in dem Mühlenbesitzer aus der damaligen Umgebung Braunschweigs eine benachbarte Zuckerfabrik verklagten. Die entließ ihr ungeklärtes Prozesswasser in die Mühlenbäche und setzte damit deren Verschmutzung in Gang, die einen geordneten Mühlenbetrieb nicht mehr zuließ. Das erstinstanzliche Urteil wurde am 14.3.1883 gesprochen. Ihn gewannen die Müller, im Roman ein Müller mit Namen Pfister. Raabe hat für seinen Roman die Prozessakten eingesehen. Mit seiner Darstellung einer Umweltverschmutzung, in der er Realität und fiktives Geschehen verband, schien Raabe seiner Zeit voraus. Jedenfalls wird sein Roman zu Beginn des 20. Jh. immer wieder einschlägig als typische Schilderung für ein durch Zuckerfabrikabwässer verunreinigtes Fließgewässer herangezogen, sodass sich ein Bewusstsein bilden konnte, nach dem Raabe seinen Finger verdienstvoll in die Wunde dieser Umweltproblematik gelegt hätte. Tatsächlich verlief die juristische Auseinandersetzung in der Realität mit erheblichen Abweichungen zum Roman. Raabe zitiert zwar nahezu wörtlich aus dem Urteil vom 14.3.1883: Die Zuckerfabrik war verurteilt worden:

Das Erkenntnis untersagt der großen Provinzfabrik bei hundert Mark Strafe für
jeden Kalendertag, das Mühlwasser von Pfisters Mühle durch ihre Abwässer zu
verunreinigen und dadurch einen das Maß des Erträglichen übersteigenden üblen
Geruch in der Turbinenstube und den sonstigen Hausräumen zu erzeugen, sowie das
Mühlenwerk mit einer den Betrieb hindernden, schleimigen, schlingpflanzenartigen
Masse in gewissen Monaten des Jahres zu überziehen (Pfisters Mühle, Kap. 25).

Tatsächlich ist dieses Urteil nicht rechtskräftig geworden, sondern vom Ober-
landesgericht am 1.12.1884 wieder aufgehoben worden. ‚Pfisters Mühle' war zu
diesem Zeitpunkt schon erschienen (Popp 1959, S. 25, mit weiteren Details zur
Prozessserie). Den Revisionsantrag dagegen wies das Reichsgericht im Mai 1885
zurück, sodass der Schadensersatzanspruch immerhin als zu Recht bestehend aner-
kannt worden ist. Kenntnis, wie hoch der Schadensersatz war, den die Zuckerfabrik zu zahlen hatte, liegt nicht vor. Bekannt sind nur die Forderungen der Kläger.

Dieser reale Fall wurde, begünstigt durch die Erzählung Raabes, zu einem
geradezu klassischen Beispiel für die zahlreichen Prozesse gegen Umweltverschmutzung, die in der zweiten Hälfte des 19. Jh. stattfanden, zur Zeit des großen
Industrialisierungsschubs in Deutschland. Die Frage Raabes, ob denn *„Deutsch-*
lands Ströme und Forellenbäche sich gegen Deutschlands Fäkal- und andere
Stoffe" (Kap. 17) durchsetzen würden, ist zumindest für das ausgehende 19. Jh.
und die Zeit bis in die 50er Jahre des 20. Jh. zu verneinen.

„Pfisters Mühle" hat ihren festen Platz in der Umweltliteratur. Raabes Werk
ist in seiner Botschaft auch darin desillusionierend, weil *auf dem Prozesswege*
die Reinhaltung eines Gewässers nicht erreicht werden kann (Popp 1959, S. 21).
Leider ist das Roman-Thema bis auf den heutigen Tag aktuell geblieben, weil
in unserer Gegenwart die Zahl der Zuckerfabriken bzw. ihrer technischen Ver-
wandten so zugenommen hat, dass unermessliche Anstrengungen erforderlich
scheinen, um die natürlichen Lebensgrundlagen und die ökosystemaren Dienstleistungen auf einem Mindeststand zu erhalten, hier wie anderenorts. Allein ein
Blick auf die wirtschaftliche Entwicklung und die ökologische Situation in den
BRICS-Staaten (Brasilien, Russland, Indien, China, Südafrika), in denen schon
heute die Mehrheit der Menschheit lebt, lässt die Dimension dieser Aufgabe
erahnen.

Sehnsuchtsort Wildnis

16

Abb. 16.1 Sog. Wildnis im Naturschutzgebiet Königsbrücker Heide, Sachsen. Foto/Bildrechte: Dirk Synatschke, Staatsbetrieb Sachsenforst. http://www.nsg.koenigsbrueckerheide.eu/files/nsg/wildnis/wildnis1.jpg

Nach antiker Vorstellung wäre es die Aufgabe des Menschen, die chaotisch vorgegebene Natur zu ordnen. Letztlich sind Kolonisierungsflächen immer Flächen, die auch menschlicher Arbeitsökonomie entsprechen. Auf ihnen werden genutzte naturale Ressourcen geordnet verwaltet. Vorindustrielle Höhepunkte dieser Entwicklung sind die herrschaftlichen Barockgärten, heute sind es die maschinenbewirtschafteten Anbauflächen der Agrarindustrie. In jedem Falle bedeutet es das Ende der Wildnis im Sinne einer sich selbst überlassenen Natur ohne menschliche Eingriffe (Abb. 16.1).

© Springer Fachmedien Wiesbaden 2017
B. Herrmann und J. Sieglerschmidt, *Umweltgeschichte in Beispielen*,
essentials, DOI 10.1007/978-3-658-15433-2_16

Adalbert Stifter beschreibt in *Der Hochwald* 1847 eine solche Wildnis in romantisierender Weise:

> *Gegenüber diesem Waldbande steigt ein Felsentheater lothrecht auf, wie eine graue Mauer, nach jeder Richtung denselben Ernst der Farbe breitend, nur geschnitten durch zarte Streifen grünen Mooses, und sparsam bewachsen von Schwarzföhren, die aber von solcher Höhe so klein herabsehen, wie Rosmarinkräutlein. Auch brechen sie häufig aus Mangel des Grundes los, und stürzen in den See hinab; daher man, über ihn hinschauend, der jenseitigen Wand entlang in grässlicher Verwirrung die alten ausgebleichten Stämme liegen sieht, in traurigem weiß leuchtendem Verhack die dunklen Wasser säumend. Rechts treibt die Seewand einen mächtigen Granitgiebel empor, Blockenstein geheißen; links schweift sie sich in ein sanftes Dach herum, von hohem Tannenwald bestanden, und mit einem grünen Tuche des feinsten Mooses überhüllet. Da in diesem Becken buchstäblich nie ein Wind weht, so ruht das Wasser unbeweglich, und der Wald und die grauen Felsen, und der Himmel schauen aus seiner Tiefe heraus, wie aus einem ungeheuern schwarzen Glasspiegel. Ueber ihm steht ein Fleckchen der tiefen, eintönigen Himmelsbläue. Man kann hier Tagelang weilen und sinnen und kein Laut stört die durch das Gemüt sinkenden Gedanken, als etwa der Fall einer Tannenfrucht oder der kurze Schrei eines Geiers. Oft entstieg mir ein und derselbe Gedanke, wenn ich an diesen Gestaden saß: – als sei es ein unheimlich Naturauge, das mich hier ansehe – tief schwarz – überragt von der Stirne und Braue der Felsen, gesäumt von der Wimper dunkler Tannen – drin das Wasser regungslos, wie eine versteinerte Thräne. (Stifter 1852, 6 f.).*

Wildnis, auch Wüste oder Einöde (lat.: eremus) war ursprünglich ein kontemplativer Ort der Eremiten, die sich *in eremo* zurückzogen. Der spätere romantische Gestus, mit dem *Wildnis* belegt wurde, verdichtete sich vor allem durch Ralph Waldo Emerson (1803–1882) und dem von ihm beeinflussten Henry David Thoreau (1817–1862) im nordamerikanischen Denken zu einer ins Politische ausgreifenden Weltanschauung.

Thoreau gilt neben Emerson als einer der Begründer eines *wilderness*-Konzeptes, das auf der Überzeugung beruht, dass Menschen in einfacher Art und Weise mit der Natur und natürlich mit sich selbst leben sollen. Thoreau errichtete sein Blockhaus am Waldensee auf einem Grundstück, das Emerson gehörte. Abweichend vom Titel ist das Hauptwerk Thoreaus (Walden oder das Leben in den Wäldern, 1979) weniger der Erfahrung des Überlebens in der Natur mit einfachen Hilfsmitteln gewidmet. Vielmehr sind ihm die Erlebnisse und Eindrücke Anlass, über Grundprobleme des menschlichen Lebens nachzudenken. Tatsächlich lag das Waldgrundstück von Emerson zu diesem Zeitpunkt in einer landwirtschaftlich genutzten Umgebung. In *Walden,* das wegen umfangreicher Gedanken über die kapitalistische Gesellschaft gelegentlich in die Nähe der Philosophie von Karl

Marx gerückt wird, verpflichtet Thoreau das Individuum auf eine grundsätzliche Änderung der Lebensweise, um eine friedliche gesellschaftliche Revolution zu erreichen. In der Wildnis liegt nach seiner Überzeugung die Erhaltung der Welt begründet. Er findet eine einfache Opposition von Kultur (Zivilisation) und Natur, indem er in der modernen Zivilisation das Übel der gesellschaftlichen Ausbeutung der Natur erkennt. Mit seinem naiven Verständnis von indianischem Leben hat er nachdrücklich das Bild des in vollkommenem Einklang mit der Natur lebenden Indianers mitgeformt, das erheblich von der Realität abweicht. Die zivilisationskritische Haltung und das zumindest zeitweilig praktizierte Aussteigerleben hat ihm, als einem der Vorläufer der amerikanischen Naturschutzbewegung, auch Aufmerksamkeit in alternativen zivilisationskritischen Kreisen auf der ganzen Welt verschafft.

Es entbehrt nicht der Ironie und einer gewissen Komik, dass Thoreau gleich im ersten Kapitel von „Walden oder Leben in den Wäldern" die finanziellen Kosten seines Waldlebens addiert. Die Bilanz endet defizitär. *„Einer meiner Bekannten, der etwas Land geerbt hat, sagte zu mir, er würde gern so leben wie ich, wenn er die Mittel dazu hätte."* Thoreau erkannte nicht, dass sein Leben, wie jedes Leben in einer Oase, deren ökologischem Grundprinzip gehorchen muss: Ohne das Leben in Zivilisationen außerhalb der Oase gibt es keine Lebensmöglichkeit in ihr. Thoreau hat das Leben in der ungebändigten Natur als existenzielle Erfahrung begriffen, die dem Entwurf eines guten und moralisch besseren Lebens vorausgeht und schließlich zu wahrer persönlicher Freiheit führt. In dieser letztlich utopischen Bemühung ziehen bis heute zahlreiche amerikanische Bürger, seinem Vorbild getreu, wenigstens für einige Tage durch die Naturreservate der Nationalparke.

Über diese naturkonservatorischen Gedanken hinaus, hat Thoreau mit seinem Essay über den „zivilen Ungehorsam" nachhaltigen Einfluss auf das politische Leben des 20. Jahrhunderts genommen. Seine Gedanken beeinflussten Mahatma Gandhis gewaltlosen Widerstand gegen die britische Kolonialmacht wie die Bürgerrechtsbewegung um Martin Luther King in den USA der 1960er Jahre, die Hippie-Bewegung u. a. alternative Überzeugungssysteme.

CVCVLLVM oder Die Liebe zu den Krisen

17

Die Erzeugung von Nahrung durch Agrarwirtschaft ist bis in die Moderne eine risikobehaftete Unternehmung. Klimaschwankungen und Wetterlaunen konnten damals, mehr als heute, Ursache für Nahrungsengpässe sein. So sind im europäischen Mittelalter und in der Frühen Neuzeit lokale wie überregionale Hungersnöte häufig. *Cucullum* (früher ohne Unterscheidung von v und u als cvcvllvm geschrieben und damit auch als Folge römischer Ziffern zu interpretieren) ist eine Deklinationsform von *cucullus* und heißt im Deutschen Mönchskutte. Zugleich war es eine Eselsbrücke, denn sie versteckt eine Abfolge römischer Ziffern: 100 + 5 + 100 + 5 + 50 + 50 + 5 + 1000 = 1315. Der Merkvers dazu lautete: *Ut lateat nullum tempus famis, ecce, CUCULLUM*. Für Nichtlateiner gab es eine landessprachliche Variante: *Eine Meyse, drey Creyen, drey ÿmcken, wiset den Hunger.* Die Meise steht für 1000, die drei Krähen für 300, die drei (ÿ)ümcken (= *Vinken*) für 15 = 1315. Wahrlich nicht arm an Hungersnöten, ragt aus der Vielzahl der mittelalterlichen Nahrungsmängel (Curschmann 1900) das überregionale Ereignis von 1315 heraus und fand Eingang in die Weltchronik des Dietrich Engelhus (ca 1420; Engelhusius 1710, 1125). Der „Große Hunger" von 1315 war eine Folge verheerender Niederschlagsmengen und dauerte in Wahrheit mindestens bis 1317, der Chronik des Engelhus nach sogar bis 1322 und betraf weite Teile Europas. Infolge der Missernten und verschlechterter Witterung traten auch opportunistische – d. h. die Gunst der Anfälligkeit nutzende – Viehseuchen auf und sicherlich auch Folgeerkrankungen und Seuchen in menschlichen Bevölkerungen.

Ein Teil der Umweltgeschichtsbetrachtung hat ein Faible für Extremereignisse wie Riesenwellen, Erdbeben, Feuersbrünste, Vulkanausbrüche, Hochwasser, Dürre, Seuchenzüge und eben auch für Hungersnöte. Diese Vorliebe liegt nahe bei einer Geschichtsauffassung, in der die Welt einmal in einem Idealzustand

© Springer Fachmedien Wiesbaden 2017
B. Herrmann und J. Sieglerschmidt, *Umweltgeschichte in Beispielen*, essentials, DOI 10.1007/978-3-658-15433-2_17

eingerichtet wurde und ihr Schöpfer sich dann aus dieser zurückzog und die Welt allmählich verelendete: das Modell der *natura lapsa,* der gefallenen Natur. Seit dem Rückzug des Schöpfers steuert teleologisch alles auf den heutigen schlechten Zustand hin, dem sich noch schlechtere anschließen werden.

Das 14. Jh. war reich an dem, was in der Umweltgeschichtsschreibung Naturkatastrophen genannt wird. Zutreffender wäre die Bezeichnung Sozialkatastrophen, denn die Natur kennt keine Katastrophen, nur von Menschen statistisch wahrgenommene Extremereignisse. Weil der Begriff Katastrophe eine Wertung darstellt, handelt es sich um eine Projektion gesellschaftlicher Zustände auf Naturereignisse. Die Hungersnot von 1315 eröffnet eine Serie von Sozialkatastrophen infolge naturaler Extremereignisse. Als Vorboten der kleinen Eiszeit erscheinen Sturmflutserien an der Nordseeküste, kontinentweite Extremwetterlagen, auf die z. B. das verheerende Hochwasser von 1342 in Mitteleuropa zurückgeht. Einen Tiefpunkt bedeutet dann das Ereignis des sog. Schwarzen Todes, der ab 1348 mit großer Geschwindigkeit Europa überzieht (Campbell 2011).

Die Zeitgenossen waren erzogen, das Zeichenhafte in der Umwelt zu erkennen. Die Zeichen wurden zu Ereignisketten verbunden, die angeblich auf göttliche Missbilligungen oder gar Strafen verwiesen. Nicht umsonst führt Engelhus die Hungersnot von 1315 auf das Auftauchen zweier Kometen zurück. Beispielhaft verknüpft das auch Arno Borst (1981) in seiner Arbeit über *das Erdbeben von Villach* vom 26. Januar 1348 gegen 16 Uhr. Der Aufsatz ist ein Lehrstück für ein bestimmtes historisches Interpretationsmuster, gegen das grundsätzlich Skepsis angebracht ist angesichts der geradezu grundstürzenden gesellschaftlichen Folgen, die Borst als monokausale Folge in dieses Ereignis hineininterpretiert.

Wenn sich viele Veröffentlichungen der Umweltgeschichte mit angeblichen Krisen oder gar Katastrophen befassen, könnte das dem Umstand geschuldet sein, dass in der Wissenschaft jene Fälle mehr Aufmerksamkeit auf sich ziehen, die im Widerspruch zu theoriegeleiteten Voraussagen oder Konzepten stehen. Derartige Fälle gelten als Prüfsteine für die Gültigkeit wissenschaftlicher Theorien, und ihre Analyse liefert in allen Experimentalwissenschaften Ergänzungen für die Bildung von Modellen der Wirklichkeit. Allerdings scheint die Umweltgeschichte bisher keine voraussagefähigen Modelle hervorgebracht zu haben, abgesehen von Vulnerabilitätskonzepten (z. B. Bohle und Glade 2008), die nicht eigentlich voraussagefähige Modelle darstellen.

Dabei bleibt für die Historik gegenüber der Naturwissenschaft ein erkenntnistheoretisches Grundproblem bestehen: man kann gegen den faktischen Verlauf der Geschichte kontrafaktisch nicht argumentieren, es sei denn im Irrealis-Modus. D. h., es ist unmöglich, sich einen anschließenden Geschichtsverlauf vorzustellen unter der Prämisse, das vorlaufende betreffende Krisenereignis hätte nicht stattgefunden. Und so bleibt auch jedes rekonstruierende Wissen über kausale Verknüpfungen zu Handlungs- oder Ereignisketten ein Vermutungswissen. Das Grundproblem scheint uns in der von GHv Wright (1974) vorgetragenen Unterscheidung von Verstehen und Erklären zu liegen. Das naturwissenschaftliche Erklären geht von einer Beobachtung aus und stellt Bedingungen fest, die ein bestimmtes, messbares und reproduzierbares Ergebnis herbeiführen. Dieses Ergebnis lässt sich *ceteris paribus* universell reproduzieren. Zugleich erlaubt es eine mehr oder weniger zuverlässige Prognose, sofern jene Bedingungen erfüllt werden, je nachdem ob es notwendige oder hinreichende Bedingungen sind.

Der Historiker bzw. der Sozialwissenschaftler geht umgekehrt vor: Er hat ein bestimmtes Ereignis, eine Erfahrung, zu der er die Bedingungen sucht. Bis hierher gleichen sich die Vorgehensweisen. Aber die Aussagen eines Historikers über die vermeintliche Kausalität lassen sich nicht in Prognosen verwandeln. Das Logikkalkül dazu lieferte von Wright. In der Sache wird deutlich, dass soziale (historische) Ereignisse selten so isolierbar sind, dass eine prognosefähige Kausalität (re)konstruierbar wäre. Man kann versuchen, dieses Dilemma mit Wahrscheinlichkeiten einzufangen, d. h. soziales Verhalten als statistisch diskriminierbar und vorhersagbar zu konzipieren. Aber hierzu bedürfte es einer Massenstatistik gleichartig gelagerter Fälle, wie sie ansatzweise in der seriellen Geschichtsschreibung möglich scheint. Der individuelle Fall entgleitet dieser Vorhersage. Und dazwischen ist methodisches Niemandsland.

Es ist einerseits verständlich, dass auch in der Umweltgeschichtsbetrachtung nach Schlüsselereignissen für eine Entwicklung bzw. nach Hypothesen, nach erhellenden entscheidenden Momenten *(turning points)*, gesucht wird, so wie in anderen Bereichen historischer Betrachtungen auch. Nun kann die Krise andererseits nicht ohne den Normalfall gedacht werden, *ohne Normalitätsmodelle gibt es keine Krisen* (Schulze 2010, S. 89). Doch während der Normalfall in den Naturwissenschaften gut untersucht ist und eine verlässliche Referenz bildet, ist der Normalfall in der historischen Betrachtung bereits selbst ein Gegenstand von Erörterungswürdigkeit und unsicher.

Allgemein fehlt es in der Umweltgeschichte an Normalitätsmodellen, die in besonderer Weise ökologische Aspekte berücksichtigen müssten. Dass die Erfindung der Nadelbaumsaat durch den Nürnberger Peter Stromer (1315–1388) ein forsttechnischer Durchbruch war, ist bekannt. Darin aber auch ein bedeutendes Ereignis für die Erhaltung bzw. Veränderung ökosystemarer Dienstleistungen zu sehen, fiel in der Umweltgeschichte bisher kaum auf. Und niemand in der Umweltgeschichte hat bisher z. B. nach Verbesserungstechniken für Saatgut im Hochmittelalter gefragt, nach Zuchtzielen für Haustiere, einfach nach der Mehrzahl der vielen kleinen und großen Dingen des Alltags, die zur Aufrechterhaltung der ökosystemaren Kreisläufe bei anthropogener Störung und steigenden Ansprüchen erforderlich sind. Nicht, dass darüber keine Kenntnis bestünde, die archäologischen Disziplinen z. B. verfügen über ein erstaunlich differenziertes Bild des Alltagslebens in früheren Epochen. Es gibt sogar Bilderbücher dieses Alltags, z. B. die Monatsbilder der Brüder von Limburg im Stundenbuch des Herzogs von Berry (1416 +). Aber dieses Wissen wurde kaum für die Umweltgeschichte nutzbar gemacht, weil faktisch kein Interesse an den Bedingungen besteht, unter denen der Alltag gelang. Der immerhin zentrale Voraussetzung dafür war, dass es uns als Nachgeborene überhaupt gibt. So gibt es offenbar auch nur ein einziges Normalitätsmodell für Energieflüsse dörflicher Siedlungen des Mittelalters (Remmert 1988).

Noch schwieriger wird die Analyse einer Hungerkrise, wenn die Folgen für die überlebenden Menschen untersucht werden. Man weiß heute, dass psychischer Stress im Gehirn wie körperlich erfahrene physische Gewalt registriert und offenbar auch verarbeitet wird. Physiologisch sind die Konsequenzen dramatisch. Es zeigt sich außerdem, dass Überlebende von Hungerkatastrophen epigenetische Änderungen des Erbgutes (DNA-Methylierungen) über mindestens drei Generationen weitergeben, also z. B. bisherige Nachkommen von Überlebenden des Amsterdamer Hungerwinters 1944/45, in dem sich Schwangere von Rationen um 400 kcal ernähren mussten. Das Spektrum der Erkrankungen bei allen Nachkommensgenerationen ist beträchtlich, es reicht von anhaltender minderer Körpergröße über verschiedene gravierende Verhaltensstörungen bis zu erhöhtem Krebsrisiko, Herz-Kreislauf-Erkrankungen und Diabetes bei Aufnahme von normalen Nahrungsrationen (z. B. Roseboom et al. 2011). *Das* wären *auch* genuine Themen der Umweltgeschichte, die das gewaltige Thema der Epigenetik bisher überhaupt nicht entdeckt hat.

Am schwierigsten wird es durch die aktuellen Einsichten der Biologie in die Wechselwirkung zwischen Landschaft und Genetik der in ihr vorhandenen Lebewesen. Zwischen beiden besteht ein enger Zusammenhang, wie die Forschungserträge der neuen *Landscape Genetics* aufzeigen (z. B. Balkenhol et al. 2016). Womit die Fragen von Nischenkonstruktion, Determinismus, Ausrottung oder Lebensraumveränderung von Pflanzen und Tieren, mit und ohne anthropogene Anteile, deutlich erschwert werden. Welchen ursächlichen Anteil die anthropogenen Veränderungen auf eine Landschaft und auf die in ihr vorhandenen Lebewesen haben, zeichnet sich gegenwärtig erst in Ansätzen für einzelne Modellorganismen ab.

Normalitätsmodelle sind schwer zu erstellen und bedürfen großen Kenntnisreichtums. Würden sie in größerer Zahl entwickelt, könnte man womöglich entdecken, dass die in vielen Krisen vermuteten Transformationen nur einfache

Fortsetzungen der *quo-ante*-Verhältnisse sind. Die nur deshalb als Transformationen diagnostiziert werden, weil etwas als neu auffällt, was in krisenfrei sich verändernden ökosozialen Systemen als kontinuierliche Änderung in der Zeit (als Evolution) nicht auffallen würde. Bis sich die Umweltgeschichte in ökologischer Hinsicht endlich selbst diszipliniert, wird sie weiter selbstgenügsam ihre beliebigen Spezialfälle vor der Hintergrundfolie naturaler Versatzstücke analysieren. Es bedarf daher intensiver Arbeit an den erkenntnistheoretischen Grundlagen der Umweltgeschichte.

Literatur

Adorno T (2003) Ästhetische Theorie. Suhrkamp, Frankfurt a. M.

Anonymus (1795) Die besten Mittel gegen die dem Menschen und Haustieren der Ökonomie und Gärtnerey schädlichen Thiere. Friedrich Joseph Ernst, Quedlinburg

Balkenhol N, Cushman S, Storfer A, Waits L (2016) Landscape genetics: concepts, methods, applications. Wiley-Blackwell, Chichester

Bohle H-G, Glade T (2008) Vulnerabilitätskonzepte in Sozial- und Naturwissenschaften. In: Felgentreff C, Glade T (Hrsg) Naturkatastrophen und Sozialrisiken. Spektrum Akademischer Verlag, Berlin, S 99–119

Borst A (1981) Das Erdbeben von 1348. Historische Zeitschrift 233: 529–569 (hier zitiert nach der aktualisierten Ausgabe In: Borst A (1990) Barbaren, Ketzer und Artisten. Piper, München)

Büschenfeld J (1997) Flüsse und Kloaken. Umweltfragen im Zeitalter der Industrialisierung (1870–1918). Klett-Cotta, Stuttgart

Buss DM (2014) Evolutionary psychology: the new science of the mind. Pearson, Harlow

Campbell B (2011) Panzootics, pandemics and climatic anomalies in the fourteenth century. In: Herrmann B (Hrsg) Beiträge zum Göttinger Umwelthistorischen Kolloquium 2010–2011. Universitätsverlag Göttingen, Göttingen, S 177–215

Cessi B, Alberti A (Hrsg) (1934) Paulini Giuseppe, Paulini Girolamo (1601) Codice veneziano per le acque e le foreste. Ministero dell' Agricoltura e delle Foreste, Roma

Coler J (1680) Oeconomia ruralis et domestica (…) Schönwetters sel. Erben, Frankfurt a. M.

Curschmann F (1900) Hungersnöte im Mittelalter. Ein Beitrag zur deutschen Wirtschaftsgeschichte des 8. bis 13. Jahrhunderts. Leipziger Studien aus dem Gebiet der Geschichte 6 (1). Teubner, Leipzig

Darwin C (1860) Über die Entstehung der Arten im Thier- und Pflanzen-Reich durch natürliche Züchtung, oder Erhaltung der vollkommensten Rassen im Kampfe um's Daseyn. Übers von H G Bronn nach der zweiten engl. Aufl. Schweizerbart, Stuttgart

Demandt A (2014) Der Baum. Eine Kulturgeschichte. Böhlau, Köln

Denevan W (2011) The "Pristine Myth" revisited. Geogr Rev 101:576–591

Descola P (2013) Jenseits von Natur und Kultur. Suhrkamp, Berlin

Dürbeck G, Stobbe U (Hrsg) (2015) Ecocriticism. Eine Einführung. Böhlau, Köln

© Springer Fachmedien Wiesbaden 2017
B. Herrmann und J. Sieglerschmidt, *Umweltgeschichte in Beispielen*, essentials, DOI 10.1007/978-3-658-15433-2

Engelhusius D (1710) Chronicon continens res ecclesiæ et reipublicæ ab orbe condito ad ipsius usque tempora. In: Leibniz GW [Godefridus Gvilielmus Leibnitius] (Hrsg) Scriptorum Brunsvicensia illustrantium tomus secundus (…). Nicolaus Forsterus, Hanoveræ, S 977–1143

Fansa M, Vorlauf D (Hrsg) (2007) Holz-Kultur. Von der Urzeit bis in die Zukunft. Landesmuseum für Natur und Mensch Oldenburg Heft 47. Zabern, Mainz

Fischer-Kowalski M et al (Hrsg) (1997) Gesellschaftlicher Stoffwechsel und Kolonisierung der Natur. Ein Versuch in Sozialer Ökologie. OPS, Amsterdam

Friederichs K (1943) Über den Begriff der „Umwelt" in der Biologie. Acta Biotheor 7:147–162

Friederichs K (1950) Umwelt als Stufenbegriff und als Wirklichkeit. Stud Gen 3:70–74

Glacken CJ (1996) Traces on the Rhodian shore. Nature and culture in western thought from ancient times to the end of the eighteenth century. 6th pr. University of California Press, Berkeley

Glaser R (2001) Klimageschichte Mitteleuropas. 1000 Jahre Wetter, Klima, Katastrophen. Wissenschaftliche Buchgesellschaft, Darmstadt

Haeckel E (1866) Generelle Morphologie der Organismen. Allgemeine Grundzüge der organischen Formen-Wissenschaft mechanisch begründet durch die von Charles Darwin reformirte Descendenz-Theorie, Bd 2. Reimer, Berlin

Haeckel E (1898) Natürliche Schöpfungsgeschichte. Gemeinverständliche wissenschaftliche Vorträge über die Entwicklungslehre im Allgemeinen und diejenige von Darwin, Goethe und Lamarck im Besonderen, 9. Aufl. Georg Reimer, Berlin

Hall A (2008) Paradies auf Erden? Mythenbildung als Form der Fremdwahrnehmung: Der Südsee-Mythos in Schlüsselphasen der deutschen Literatur. Königshausen und Neumann, Würzburg

Herrmann B (2012) Tiere im Raum oder Die Dichotomien waren noch nie simpel. Saec 62:145–168

Herrmann B (2016) Umweltgeschichte. Eine Einführung in Grundbegriffe, 2. Aufl. Springer, Berlin

Herrmann B, Kaup M (1997) „Nun blüht es von End' zu End' all überall". Die Eindeichung des Nieder-Oderbruchs 1747–1753. Waxmann, Münster (Cottbuser Studien zur Geschichte von Technik, Arbeit und Umwelt 4)

Horstmanshoff HFJ, Luyendijk-Elshout AM, Schlesinger FG (Hrsg) (2002) The four seasons of human life. Four anonymous engravings from the Trent collection (Nieuwe Nederlandse bijdragen tot de geschiedenis der geneeskunde en der natuurwetenschappen 60; Pantaleon Reeks 32). Erasmus Publishing, Rotterdam, Trent Collection Duke University, Durham

Huxley TH (1865) Über unsere Kenntnis von den Ursachen der Erscheinungen in der organischen Natur. 6 Vorlesungen für Laien (übers. von Carl Vogt). Vieweg und Sohn, Braunschweig

Kaiser R (1992) Die Erde ist uns heilig. Herder Spektrum, Freiburg

Kendal J et al (Hrsg) (2011) Human niche construction. Philos Trans R Soc B 366(1566):785–792

Kircher A (1646) Ars magna lucis et umbræ (…). Hermannus Scheus, Romae

Leinkauf T (2009) Mundus combinatus. Studien zur Struktur der barocken Universalwissenschaft am Beispiel Athanasius Kirchers SJ (1602–1680), 2. Aufl. Akademie, Berlin

Lovejoy AO (1993) Die große Kette der Wesen. Geschichte eines Gedankens. Suhrkamp, Frankfurt a. M. (amerik. Original 1933)

Marx K (1971) Frühe Schriften 2. Wissenschaftliche Buchgesellschaft, Darmstadt

Meetz KS (2003) Tempora triumphant. Ikonographische Studien zur Rezeption des antiken Themas der Jahreszeitenprozession im 16. und 17. Jahrhundert und zu seinen naturphilosophischen, astronomischen und bildlichen Voraussetzungen. Bonn (Diss Phil)

Mildenberger F, Herrmann B (Hrsg) (2014) Umwelt und Innenwelt der Tiere. Mit einem Stellenkommentar und Nachwort versehen. Springer Spektrum, Berlin

Plessner H (1975) Die Stufen des Organischen und der Mensch. Einleitung in die philosophische Anthropologie, 3. Aufl. De Gruyter, Berlin [Erstveröff. 1928]

Popp L (1959) Pfisters Mühle. Schlüsselroman zu einem Abwasserprozess. Städtehygiene 10(2):21–25

Ratzel F (1899) Anthropogeographie. Erster Teil: Grundzüge der Anwendung der Erdkunde auf die Geschichte (Bibliothek geographischer Handbücher), 2. Aufl. Engelhorn, Stuttgart

Reischel G (1930) Wüstungskunde der Kreise Jerichow I und Jerichow II. Geschichtsquellen der Provinz Sachsen und des Freistaates Anhalt NR 9

Remmert H (1988) Energiebilanzen in kleinräumigen Siedlungsarealen. Saec 39(2):110–118

Roseboom TJ et al (2011) Hungry in the womb: what are the consequences? Lessons from the Dutch famine. Maturitas 70:141–145

Schopenhauer A (1982) Die Welt als Wille und Vorstellung (Sämtliche Werke. Bd 1 u. 2). Wissenschaftliche Buchgesellschaft, Darmstadt

Schröder K, Sternath M (Hrsg) (2003) Albrecht Dürer, Katalog zur Ausstellung Albertina Wien. Hatje Cantz, Ostfildern-Ruit

Schulze G (2010) Krisen. Vontobel Stiftung, Zürich

Sieglerschmidt J (2012) Zodiacus. Enzyklopädie der Neuzeit, Bd 15. Metzler, Stuttgart, S 539–544

Springer K, Kinzelbach R (2009) Das Vogelbuch von Conrad Gessner (1516–1565). Springer, Berlin

Stifter A (1852) Der Hochwald. Heckenast, Pesth

Stuart M, Kuyper J (1805) De Mensch zoo als hij voorkomt op den bekenden Aardbol. 4. Teil. Johannes Allart, Amsterdam

Szulakowska U (2000) The alchemy of light. Geomantry and optics in late Renaissance alchemical illustrations (Symbola et emblemata 10). Brill, Leiden

Thoreau H (1979) Walden oder Leben in den Wäldern. Diogenes, Zürich [Amerik. Erstveröffentlichung 1854]

Vogt C (1864) Vorlesungen über nützliche und schädliche, verkannte und verleumdete Thiere. Ernst Keil, Leipzig

Voland E (2009) Soziobiologie. Die Evolution von Kooperation und Konkurrenz. Spektrum Akademischer Verlag, Heidelberg

Von Humboldt A (2004) Kosmos. Entwurf einer physischen Weltbeschreibung. Frankfurt a. M.: Eichborn [5 Bde. Tübingen: Cotta 1845–1862]. [Neuausg. durch Ette O, Lubrich O (Die andere Bibliothek) 2004]

Von Uexküll J (1949) Niegeschaute Welten. Die Umwelten meiner Freunde. Suhrkamp, Berlin (Erstauflage 1936, S Fischer, Berlin)

Von Wright GH (1991) Erklären und Verstehen, 3. Aufl. Hain, Frankfurt a. M.

Welter R (1986) Der Begriff der Lebenswelt. Theorien vortheoretischer Erfahrungswelt (Übergänge 14). Fink, München

Winiwarter V, Knoll M (2007) Umweltgeschichte. Böhlau UTB, Köln

Zweckbronner G (2001) Vom Ackerbau zur Industrie. Staat und Kommunen als Förderer der Wirtschaft. Landesmuseum für Technik und Arbeit: Ausstellungskatalog. Landesmuseum für Technik und Arbeit, Mannheim, S 110–129

Printed in the United States
By Bookmasters